EQUIKINETIC®

Pferde effektiv longieren

Michael Geitner

Alexandra Schmid

Müller Rüschlikon

Einbandgestaltung: Kornelia Erlewein

Titelbild: Eliane Reichelt

Bildnachweis:
Julia Bilke: S. 16; **CAVALLO/Rädlein**: S. 76; **Markus Eschbach**: S. 54, 85, 88; **Vivienne Fink**: S. 49, 50 re, 52 li; **Michael Geitner**: Graphik: S. 85, 131, 134, 152, 160; Fotos: S. 18, 96, 97, 111; **Sandra Heinitz**: S. 21, 67 oben, 70, 72; **Gaby Jonethal**: S. 140 li; **Yvonne Neubert-Heberle**: S. 93; **pferdemagazin.info**: S. 6; **Alexandra Schmid**: Graphi-ken: S. 26, 34, 36, 43, 48, 65, 116; Fotos: S. 28, 40, 41, 48, 50 li, 52, 56, 57, 63, 67 unten, 68, 94, 106; **Lilli Schmitz**: S. 51; **Doris Sigmann**: S. 118.
Alle übrigen Bilder stammen von **Eliane Reichelt**.
Die Abbildungen auf den Seiten 33, 35 und 46 stammen aus dem Buch »Krankes Pferd –was tun?, Verlag Müller Rüschlikon 2008. Sie wurden von den Autoren mit freundlicher Genehmigung zur Verfügung gestellt.

Eine frühere Ausgabe dieses Buches ist unter der ISBN 978-3-275-02009-6 erschienen.

ISBN 978-3-275-02145-1

Postfach 103743, 70032 Stuttgart
Ein Unternehmen der Paul Pietsch Verlage GmbH & Co. KG

7. Auflage 2026

Sie finden uns im Internet unter www.mueller-rueschlikon-verlag.de

Lektorat: Claudia König
Innengestaltung: Kornelia Erlewein
Druck und Bindung: Graspo CZ, 76302 Zlin
Printed in Czech Republic

Danke

Ich hoffe, mit der Equikinetic eine Methode erschaffen zu haben, mit der ich vielen Pferden helfen kann, gesund zu bleiben bzw. gesund zu werden.
Danke an die Leser und an die vielen fleißigen Anwender.
Equikinetic ist sehr effektiv, sie hilft aber nur, wenn man sie auch einsetzt.

Ihr Michael Geitner

Vorwort

Michael Geitner:
E-Mail: Kontakt@pferde-ausbildung.de
www.pferde-ausbildung.de

Alexandra Schmid:
E-Mail: dualtraining@web.de
www.pferdetraining-allgaeu.de

Hätte mir vor einigen Jahren jemand erzählt, ich würde eine Trainingsmethode entwickeln mit solch einem Erfolg wie die Equikinetic, dann hätte ich ihn wohl für verrückt erklärt. Ich bin ein Mensch, der Träume und Visionen hat und sich auch an Dinge heranwagt, die vielleicht im ersten Moment als schwierig gelten oder unerreichbar scheinen. Die rasche Verbreitung der Equikinetic und der Erfolg, der mir mit dieser Methode attestiert wird, hat bei weitem alles übertroffen, was ich mir von ihr versprochen hatte.

Mehr als tausend Pferde wurden bereits in kurzer Zeit mit der Equikinetic gearbeitet, was bestätigt: Man darf sich im Leben durchaus an große Dinge heranwagen. Erfolgsberichte, die manchmal schon an Sensationen grenzen, haben mich in den letzten Monaten immer wieder erreicht.

Ich hatte eigentlich nicht vor, noch einmal ein Buch zu schreiben, aber es sind so viele Menschen an mich herangetreten, die nach einem Leitfaden fragten, wie sie ihr Pferd mit der Equikinetic trainieren und aufbauen können.

In Offenburg auf der Eurocheval 2014 fassten Alexandra Schmid und ich den Entschluss, dieses Buch zu schreiben. Es war uns beiden bewusst, dass es neben unserem Trainer-Alltag sehr viel Arbeit werden würde. Uns war aber klar, dass, um die Equikinetic allen zugänglich zu machen, Hintergrundinformationen unumgänglich sind.

Die Dualaktivierung hat es in achtzehn Jahren nicht geschafft, über den großen Teich zu gelangen. Die Trainingsmethode Equikinetic schaffte dies in nur sechs Monaten. In Hot Springs, Arkansas, werden die ersten Rennpferde mit der Equikinetic trainiert.

Equikinetic ist einfach zu verstehen und umzusetzen, die Fehlerquote ist sehr gering und die körperliche Entwicklung der Pferde durch das Training enorm.

Es ist ein Segen, dass ich 2013 begonnen hatte, Pferde mit dem Intervalltraining zu arbeiten. Natürlich wurde schon immer mit einem Zeitsystem trainiert. In einem bestimmten Rahmen und mit Belohnungston, so, wie wir das machen, scheint es doch sehr neu zu sein.

Etwas völlig Neues im Bereich des Pferdetrainings zu erarbeiten wird meines Erachtens nicht gelingen. Longieren in Innenstellung auf einer 8-Meter-Volte ist genauso wenig neu, wie es die blau-gelben Gassen und eine Quadratvolte sind.
Die Equikinetic kann sicher viel, aber sie kann nicht zaubern. Ohne dass Sie mit Ihrem Pferd regelmäßig trainieren, werden Sie auch hier keine Erfolge verzeichnen.
Wir wünschen Ihnen mit Ihrem Pferd das gewünschte Ergebnis, viel Durchhaltevermögen, die Energie und den Glauben, dass Sie jederzeit auch Unmögliches möglich machen können.

Ihr Michael Geitner und Ihre Alexandra Schmid

Kapitel 1

Equikinetic – Das Konzept

Die Vorsilbe Equi leitet sich vom lateinischen Wort für Pferd, Equus, ab, Kinetic stammt aus dem Griechischen und bedeutet Bewegung. Den Anreiz, das neue Longierprogramm Equikinetic zu nennen, gab außerdem das isokinetische Training, das wir kennengelernt hatten. Diese Form des Trainings bedeutet, einen Widerstand zu überwinden und die Geschwindigkeit des Bewegungsablaufs gleichbleibend zu halten.

Aufs Pferd übertragen verstehen wir unter Equikinetic, das Pferd unter Muskelspannung an der Longe in einer stabilen und kontinuierlichen Innenstellung und Biegung zu arbeiten. Das Pferd läuft dabei in einem gleichmäßigen Takt, den es in der Quadratvolte leichter findet.

Nach dem Motto: »Ein starker Rücken kennt keinen Schmerz« ist die Equikinetic ein hocheffektives Programm, um den Muskelaufbau des Pferdes zu verbessern und zu fördern.

Von Natur aus haben Pferde nicht gelernt, sich in einer Kurve »gerade« zu bewegen. Oftmals laufen sie in Außenstellung und lasten falsch. Auf diese Weise wird ein korrekter Muskelaufbau verhindert.

Die Equikinetic fördert das Geraderichten Ihres Pferdes und erlaubt durch eine aktive Hinterhand und einen schwingenden Rücken einen optimalen Muskelaufbau.

Durch geführtes Longieren in der Quadratvolte und ein ausgefeiltes Intervalltraining auf beiden Seiten, wird Ihr Pferd gleichmäßig durchgearbeitet. Equikinetic sorgt für eine regelmäßig durchstrukturierte Muskulatur, die es benötigt, um gesund zu bleiben und das Reitergewicht optimal zu tragen.

Equikinetic ermöglicht es Ihnen, Ihr Pferd nach einem einfach auszuführenden Trainingsplan zu arbeiten. Sie ist für jedes Pferd ein effektives Mittel, um es in Topform zu bringen. Ihr Pferd wird in der Equikinetic nicht mehr »nur longiert«, Ihr Pferd wird gezielt gefördert. Pferde werden dabei auf Schulterhöhe durch die Quadratvolte begleitet.

Um die Muskulatur des Pferdes gleichmäßig arbeiten und aufbauen zu können, kann das »geführte« Longieren helfen. Bei dieser Art des Longierens fällt es uns Menschen deutlich leichter, auf die korrekte Innenstellung des Pferdes zu achten, die für den richtigen Muskelaufbau unerlasslich ist.

Muskeln arbeiten nach dem Prinzip »use it or loose it«, also sehr energiesparend. Wird ein Muskel nicht benutzt, bildet er sich zurück.

Muskeln verbrauchen sehr viel Energie, weshalb der Körper sie nur dann einsetzt, wenn er sie braucht. Bei einseitigem oder falschem Training des Pferdes kommt es deshalb schnell zum Abbau (Atrophien) der Muskeln, die nicht gebraucht werden. Equikinetic hilft dabei, das Pferd auf beiden

Seiten gleichmäßig zu trainieren, da hierbei möglichst viele Muskeln und Muskelketten zum Einsatz kommen, die trainiert und damit erhalten werden.

Egal welche Reitweise Sie bevorzugen, Equikinetic ist für nahezu jedes Pferd eine wertvolle Bereicherung.
Die Equikinetic ist im Bereich der Rehabilitation ein effektives Mittel, um bei Ihrem Pferd den Heilungsprozess zu fördern und es langsam und schonend wieder in Topform zu bringen.

Selbst wenn Sie ein sehr sportliches, gut bemuskeltes Pferd Ihr Eigen nennen, wird es von dem gleichmäßigen Training der Equikinetic als Zusatztraining profitieren. Durch den Kraftzuwachs, die effektive und schmerzfreie Nutzung bereits gut ausgeprägter Muskulatur und den Ausgleich der Dysbalancen zwischen den einzelnen Muskelgruppen, schaffen Sie mehr Agilität und Beweglichkeit und verbessern die gesamte Stabilität Ihres Pferdes.

Equikinetic überrascht mit ihrer Einfachheit und überzeugt mit sensationellen Ergebnissen. Sie nutzen die Trainingszeit dabei nachhaltig und effizient, anders als Sie sie bei der Bodenarbeit oder für das Longieren aufwenden, hier verschaffen Sie Pferden meist nur Bewegung.

Von der Idee in die Quadratvolte

Eine Trainingsmethode wie die Equikinetic kann man nicht am Reißbrett kreieren. Es gab viele Faktoren, die zusammenspielten, bis ich diese Methode, so, wie sie heute ist, vorstellen konnte. Den Wunsch aber, das Training zu verbessern und Pferde noch effektiver trainieren zu können, war sicherlich der ausschlaggebende Punkt, der mich am meisten motiviert hatte, und letztendlich die Equikinetic hervorbrachte.
Im Jahr 2001 erklärte mir der kanadische Physiotherapeut Michael Baxter, dass die meisten Pferde zu wenig Kraft hätten, um ihren Aufgaben gerecht zu werden. Diesen Satz hatte ich all die Jahre im Kopf und sah, wie Recht er damit hatte. Ich bekam ihn im Alltag bei meiner Arbeit als Trainer immer wieder bestätigt. Mit der Dual-Aktivierung war und bin ich sehr zufrieden, aber der Trainings-Schwerpunkt liegt bei ihr nicht im Muskelaufbau. Die Dual-Aktivierung ermöglicht den Pferden ein schnelleres Hin- und Herschalten der beiden Gehirnhälften. Gesehenes und Erlerntes kann von den Pferden durch das Training schneller verarbeitet werden.
Es wird an der Balance des Pferdegehirns gearbeitet, da die Ausgeglichenheit der beiden Hirnhemisphären die Voraussetzung für optimales Lernen ist. Ich habe mit der Dual-Akti-

vierung klassische Übungen sichtbar gemacht, welche sich über Jahrhunderte bewährt haben. Pferd und Reiter haben einen Plan und es fällt ihnen leichter, diese Übungen nachzureiten.
Ständige Rechts-Links-Wechsel und Konzentration sowie ständiges Biegen und wieder Geraderichten helfen dem Pferd, seine Bewegungskoordination und Balance zu verbessern und seine Hinterhand zu aktivieren. Das Pferd wird geradegerichtet, es wird durch sein gesteigertes Körperbewusstsein in Stresssituationen gelassener reagieren und außerdem wird auch sein Muskelzuwachs verbessert.
Mit der Dual-Aktivierung konnten in den Jahren auch im Hinblick auf den Muskelaufbau sehr gute Ergebnisse erzielt werden. Ich war aber dennoch nicht zufrieden und immer am Überlegen, wie ich ihn weiter verbessern könnte.

Folke Dreier, eine ehemalige Kursteilnehmerin, drückte mir 2001 ein Trainingsgerät in die Hand, ein kleines Plastikteil, den Isokinator. Ihn als unscheinbar zu beschreiben, wäre noch untertrieben. Sie erklärte mir, wie man damit trainiert und am Ende bekam ich das Teil sogar von ihr geschenkt. Ich hätte diesem kleinen und mehr als »unmännlichen« Gerät sicher keine Aufmerksamkeit geschenkt, wenn die Dame nicht ein Model gewesen wäre, mit einer super Figur, die sie sich berufsbedingt erhalten musste.
Ich nahm es dankend an, aber belächelte es innerlich. Allerdings behielt ich dieses Gerät über elf Jahre immer im Hinterkopf, denn die Art, mit ihm zu trainieren, und das Ergebnis dabei, konnten sich sehen lassen.
Im Winter 2012 googelte ich Trainingsgeräte, da mir der Name des Geräts einfach nicht mehr einfallen wollte. Ich wurde fündig und ersteigerte gleich einen Isokinator, nagelneu und für wenig Geld. Noch während ich auf das Paket wartete, schaute ich mir den Trainingsfilm der Firma Kölbel Trainingsforschung an. Bei Minute 4.40 kam der entscheidende Satz, der die Equikinetic begründen sollte: »Gefallen Ihnen etwa die edlen Körperformen eines Rennpferdes?« An dieser Stelle stoppte ich den Film und dachte mir: »Woher hat das Rennpferd eigentlich diese Muskulatur?«
Da ich ja selber Rennpferde trainiert habe und deshalb oft auf der Galopprennbahn in München war, konnte ich miterleben, dass die meisten Pferde jeden zweiten Tag einmal um die Bahn galoppierten. Eine Bahn misst 1600 Meter. Der nächste Trainingstag bestand für die Pferde aus einer Einheit in der Führmaschine. Den Rest des Tages, also 23 Stunden, standen die meisten dann in der Box.
Da war mir sofort klar: Bei den 1600 Metern im Renngalopp unter Spannung werden die Muskeln aufgebaut bzw. trainiert. Der Zusammenhang zwischen dem isokinetischen Training und der Spannung, unter der die Pferde auf der Rennbahn standen, wurde mir bewusst.

Die Forschung hat beim Menschen nachgewiesen, dass kurze, aber intensive Belastungen der Muskulatur zu geringfügig schlechteren Ergebnissen führen, als bei längerer Trainingszeit. Allerdings kann ich ja nicht jedem Pferdebesitzer erklären, dass er jeden zweiten Tag mit seinem Pferd einmal um eine Rennbahn galoppieren soll und es dabei noch unter Spannung halten muss.

Bei einem Englischen Vollblut braucht es da nicht viel, es will laufen. Doch nicht alle Pferde sind dazu zu bewegen, deshalb war dies kein Trainingsprogramm, das sich für den Großteil der Reiter eignen konnte. Zudem baut das Renntraining die Tragemuskulatur zu wenig auf und genau diese brauchen unsere Pferde im Alltag.

Wie immer folgte die Lösung auf dem Fuße. Ich hatte die Ehre, gemeinsam mit Eberhardt Weiß, einem Ausbilder der alten Schule und einem meiner Mentoren, einen Lehrgang in der Schweiz geben zu dürfen. Auf der Fahrt dorthin fragte ich Eberhardt Weiß, wie denn bei den Barockpferden von anno dazumal diese unglaublichen Muskeln aufgebaut wurden. Sicher kennen Sie die alten Bilder von den Pferden mit ihren gewaltigen Leibern und den kleinen Köpfen. Seine Antwort war sehr ernüchternd. »Ja, Herr Geitner, das schaffte man durch die Piaffe zwischen den Pilaren.« Für einen kurzen Moment platzte mein Traum vom effizienten Muskelaufbauprogramm für Freizeitpferde. Ein Pferd bis zur Piaffe auszubilden ist kein unmögliches Unterfangen, aber mir schoss eine 18-jährige Haflinger-Stute in den Kopf. Okay, Geitner, vergiss es. Also fragte ich noch einmal nach, ob es keinen anderen Weg geben würde. »Doch«, meinte Eberhardt Weiß kurz und knapp: »Longieren in Innenstellung.«

Lassen Sie es mich kurz zusammenfassen, Isokinator, Bewegung unter Höchstspannung, Longieren in Innenstellung. So weit, so gut.

Noch einen weiteren Satz hatte Eberhardt Weiß an diesem Abend zu mir im Auto gesagt: »Wenn Sie in Innenstellung longieren, dann wird die komplette äußere Seite durchgearbeitet und das richtig.« Das heißt im Klartext: Die äußere Seite ist durch die Stellung und spätere Biegung aufgespannt und veranlasst so die Muskeln von vorne bis hinten zusammenzuarbeiten.

Die Quadratvolte aus der Dual-Aktivierung begrenzt das Pferd nach innen und gibt ihm Sicherheit. Die äußeren Gassen helfen dem Pferd, die Hinterhand in der Spur zu halten, geben also den idealen Rahmen.

Alles gut und schön, aber vom Hocker gehauen hat es mich noch nicht. Ich brauchte da schon »a bissal« mehr. Nur wenige Tage später begann ein Pferde-Wissen-Kompakt-Lehrgang auf meinem Hof. Einer der Teilnehmer war Ralf Edelmann. Er interessierte sich außer für Pferde noch für den Kraftdreikampf und verstand dadurch viel vom Muskelaufbau. Er teilte mir mit, dass im Kraftsport schon lange nicht mehr nach Wiederholungen trainiert wird, sondern nur noch nach Zeit. Als ich ihn verwundert anschaute, drückte er mir den GymBoss in die Hand. Den kleinen Intervall-Timer, der mein Pferdetraining revolutionieren sollte. Irgendwie spürte ich sofort: Jetzt passt es. Der Lehrgang war am Sonntag vorbei und ich konnte es kaum erwarten, bis der Timer geliefert wurde. Als ich ihn endlich in den Händen hielt, begann ich sofort, wie ein Mann das eben macht, ohne die Betriebsanleitung zu lesen, an dem »Ding« herumzudrücken. Hilft aber nichts, wer liest, erfährt mehr. Und so schaffte ich es, die erste Trainingseinheit zu programmieren. Ich stellte den Timer auf eine Minute ein, 12 Runden und jeweils 30 Sekunden Pause dazwischen. Zugegeben, ich hatte nicht mehr Zeit. Aber ich dachte, mein erster Proband, Prairie Almondo, würde locker 20 Arbeitseinheiten schaffen. Ich holte meinen Ex-Galopper aus dem Stall, hatte bereits eine Acht-Meter-Quadratvolte gelegt und los ging es.

Gott, war ich froh, dass ich nur 12 Arbeitseinheiten eingestellt hatte. Als ich früh am nächsten Tag in den Stall kam, konnte sich Prairie Almondo vor lauter Muskelkater kaum noch bewegen. Da war mir klar, wie effektiv das Ganze sein musste, wenn diese 12 Minuten Arbeit für »Mondi« derart anstrengend waren. Dieses Training konnte somit nur äußerst wirksam sein. Das war der Startschuss für die Equikinetic.

Der CAVALLO-Test

Im Juli 2013 hatte die Equikinetic ihre ersten Erfolge bereits unter Beweis gestellt. Die Pferde liefen so gut wie nie zuvor und von meinen Kunden bekam ich sehr positive Rückmeldungen. Eines Tages erhielt ich einen Anruf von Christine Felsinger, der damaligen Chefredakteurin der Zeitschrift CAVALLO. Christine Felsinger bekundete ihr Interesse, eine Titelstory über die Equikinetic zu machen, allerdings in Form eines Testes.

Natürlich hatte ich nichts dagegen. Ich war absolut überzeugt davon, dass die Equikinetic diesen Test mit Bravour bestehen würde und wir vereinbarten einen Termin. Der CAVALLO-Test sollte von Anfang September bis Ende November 2013 auf dem Eckhof bei Dachau durchgeführt werden. Damit gab sich die Zeitschrift allerdings nicht zufrieden. Parallel zu dem offiziellen Test wollten die Redakteurinnen, inklusive Chefredakteurin Christine Felsinger, die Equikinetic auch intern in Stuttgart testen. Das Ganze sollte Hand und Fuß haben. Um brauchbare Testergebnisse nachweisen zu können, mussten diese natürlich protokolliert werden. Der Olympiagold-Gewinner in der Vielseitigkeit und auf Pferde-Reha spezialisierte Tierarzt Dr. Matthias Baumann begleitete den CAVALLO-Test und führte den Tierarztcheck durch. Bei den Probanden wurde der Body Condition

Score ermittelt, die Muskulatur beurteilt, die Schiefe und die Schrittlänge bewertet und gemessen. Zu guter Letzt lieferte die Waage ein unbestechliches Ergebnis. Ebenso wurden Alter und der aktuelle Trainingszustand genauestens protokolliert. Die Daten wurden aufgeschrieben und für die nächsten drei Monate unter Verschluss gehalten.

Anfangs schlurften alle Pferde mit den Zehen am Boden, der Muskelzustand ließ zu wünschen übrig und manche Pferde waren schlichtweg zu dick, so das objektive Urteil von Dr. Matthias Baumann.

Zunächst stellten sich 20 Pferd-Mensch-Paare zur Verfügung, um nach den Anweisungen von mir und meiner Trainerin Alexandra Schmid die Equikinetic auf Herz und Nieren zu testen. Eines der Testpaare war Redakteurin Melanie Tschöpe mit ihrem Donald, die auf das Ganze noch ein besonders kritisches Auge warf. Donald war übrigens das erste Pferd, das die Equikinetic nur im Schritt durchlief, da er krankheitsbedingt nicht traben durfte. Es war alles vertreten: vom Araber über Tinker bis hin zum schweren Warmblut, junge und alte Pferde.

Anfangs freute ich mich auf das Projekt, doch dann kamen die ersten Bedenken in mir hoch. An der Equikinetic zweifelte ich keine Sekunde. Sie beruht auf einem einfachen Prinzip, jedoch muss auch hier immer wieder individuell auf das jeweilige Pferd geachtet werden.

Aber eine Methode 20 Menschen nur einmal zu zeigen und sie dann drei Monate alleine »wurschteln« lassen, konnte nicht gutgehen. Also beschloss ich gemeinsam mit meiner Trainerin Sichtungstermine einzubauen. Alle drei Wochen fuhren wir auf den Eckhof und gaben Tipps, wie die Pferde in der Equikinetic noch besser laufen konnten. Insgesamt waren wir vier Mal vor Ort, jedoch erschienen nicht immer alle Paare zum Sichtungstermin. Ich muss zugeben, ich war schon etwas nervös.

Von den 20 Paaren, die ursprünglich teilgenommen hatten, blieben 14 übrig. Sechs Testpaare brachen das Projekt ab, da ihre Pferde krankt wurden oder sie den Stall wechselten.

Dann kam die »Abschlussprüfung« mit Dr. Matthias Baumann. Wieder begutachtete er alle Pferde und führte die gleichen Messungen wie zu Beginn des Testes durch. Hier zeigte sich, dass all meine Bedenken völlig grundlos gewesen waren. Das Fazit des Tierarztes: »Die Pferde haben sich deutlich verbessert. Sie stehen besser da und bewegen sich kraftvoller.« Es war eine kleine Sensation, als die Daten verglichen wurden. Alle Pferde zeigten eine deutlich bessere Bemuskelung an Vor- und Hinterhand. Die Rücken- und Bauchmuskulatur war bei allen deutlich gestärkt. Bis auf ein Pferd schlurfte keines mehr mit den Zehen im Sand. Die Schrittlänge hatte sich bei allen verbessert, zum Teil bis zu 25 cm. Die Pferde waren deutlich gerader und der Body Condition Score bestätigte den Trend.

Dicke Pferde hatten abgenommen und dünne Pferde deutlich an Muskulatur dazugewonnen. Zudem berichteten die Teilnehmer, dass ihre Pferde beim Reiten viel geschmeidiger, kraftvoller und auf beiden Seiten leichter zu stellen und zu biegen waren. Auch Donald, der die Equikinetic wie gesagt nur im Schritt gehen konnte, hatte sich verbessert. Seine Muskulatur war definierter, und obwohl das Experiment aufgrund einer Kolik unterbrochen werden musste, bewegte er sich präsenter und energievoller.

Das Feedback der CAVALLO-Redakteurinnen aus Stuttgart war sehr positiv. Auch dort hatten sich alle Pferde verbessert. Chefredakteurin Christine Felsinger musste ebenfalls eine dreiwöchige Krankheitspause einlegen, da ihr Pferd zwischenzeitlich ein dickes Bein bekommen hatte. Sie berichtete am Ende der drei Monate, dass sich ihre Maya deutlich geschmeidiger bewegen und den Rücken wie eine Ziehharmonika aufwölben würde. Barbara Forro meinte, ihr Chicco schwebe förmlich über dem Boden, es sei absolut fantastisch.

Der CAVALLO-Artikel erschien in der Februar-Ausgabe 2014, damit hatte ich es schwarz auf weiß: Die Equikinetic wurde als fantastisches Trainingsinstrument dargestellt, um Muskulatur aufzubauen, Pferde geradezurichten und ihnen Kraft und Geschmeidigkeit zu verleihen, damit sie gesund bleiben oder gesund werden.

ANGELINA

Julia Bilke nahm mit der 23-jährigen Trakehner-Stute ANGELINA am CAVALLO-Test teil. Das Urteil von Dr. Matthias Baumann fiel bei der Begutachtung vor dem Test ernüchternd aus. »Zu wenig Muskulatur, zu dünn, schief, schwankend und schleift mit den Zehen.«

Zudem wurde bei Angelina das Cushing Syndrom diagnostiziert, was ihren mageren Zustand erklärte. An Reiten war mit dem Pferd nicht zu denken. Julia Bilke nahm ihre Stute ins Equikinetic-Programm, begann mit acht Trainingseinheiten und steigerte sie auf 16 Arbeitsphasen. Nach acht Wochen Equikinetic konnte Angelina erstmals wieder geritten werden.

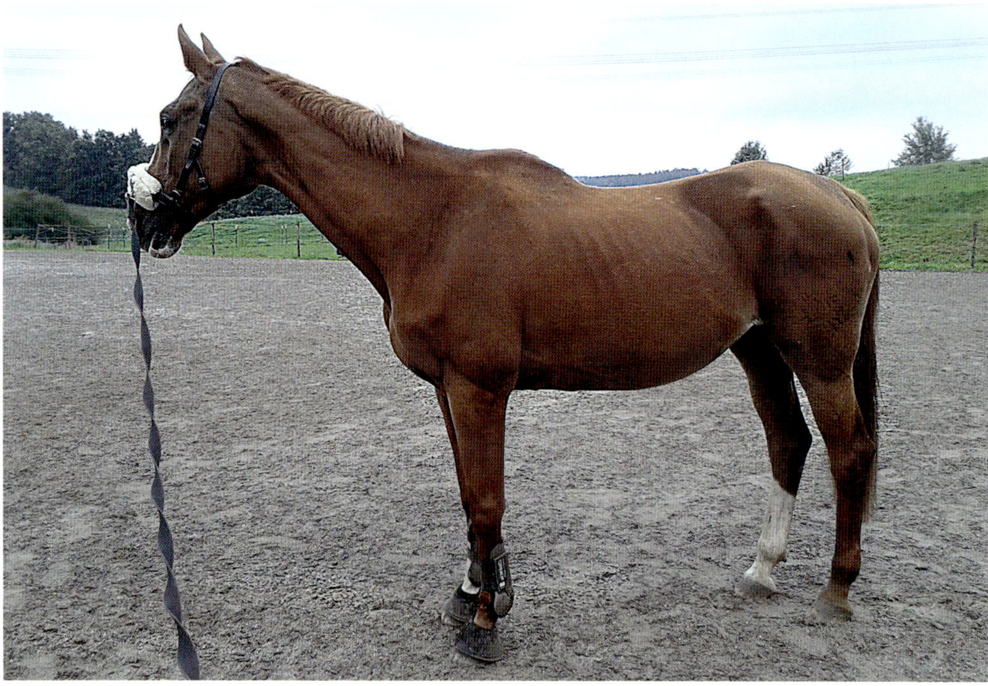

Angelina vorher und ...

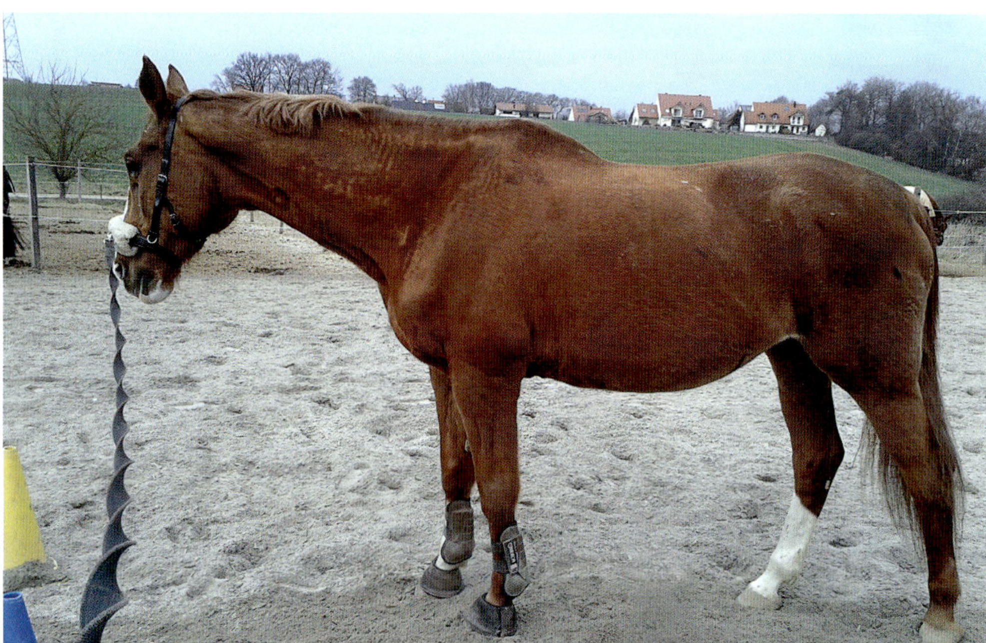

... nachher.

Nach Beendigung des CAVALLO-Tests fiel die Beurteilung von Dr. Baumann deutlich positiver aus. Mehr Muskulatur an Hals, Rücken und Hinterhand wurde von ihm attestiert. Sie bewegte sich deutlich schwung- und kraftvoller. Die Equikinetic wurde zum festen Bestandteil von Angelinas Training und ihre Besitzerin berichtete, dass sie so gut dastehen würde, wie schon lange nicht mehr.

Prairie Almondo

Jeder Reiter hat im Leben meist ein Pferd, das sein Herz berührt. Es ist das besondere Pferd, das uns auf dem Weg begleitet, ein guter Pferdemensch zu werden.

Meinen Weg begleiteten zwei ganz besondere Pferde: Mira, meine Haflingerstute, und Prairie Almondo. »Mondi«, wie wir ihn alle nennen, ist ein schwarzer Englischer Vollblüter und mein erstes Rennpferd. Er ist von 2005 bis 2010 für mich »gelaufen«, das bedeutet, dass er fünf Jahre meine Farben im Rennsport vertreten hat, bis er als 12-Jähriger seine Karriere beendete.

Mit Mondi hatte ich meine ersten Erfolge auf der Rennbahn. Alleine in den Jahren 2005 bis 2007 war er bei 25 Starts 14-mal unter den ersten Vier und zweimal Fünfter. Zwei Siege und viele zweite und dritte Plätze konnte er auf seinem Konto verbuchen. Er war bei seinem letzten Sieg in München bereits zehn Jahre alt.

Mondi hatte es mir nicht immer leicht gemacht. Im Führring war er anfangs kaum händelbar. Einmal hatte er sich auf einen BMW »gesetzt« und wir waren damals froh, den Renntag ohne weiteren Schaden überstanden zu haben. Manchmal kostete er mich meinen letzten Nerv. War Mondi allerdings auf der Bahn, gab er alles. Er war ein Kämpfer und ich konnte mich auf ihn verlassen. Schon damals liebte ich dieses Pferd.

Nach seiner Rennkarriere wurde Mondi Lehrpferd in meinen Kursen. Auch auf den Lehrgängen ist er stets Mittelpunkt, er ist blitzgescheit und hat sehr viel Gefühl für Menschen. Ganz besondere Eigenschaften, die ihn auszeichnen. Er ist ein fester Bestandteil meiner Kurse und meines Lebens. Bis auf Mira lag mir noch kein Pferd so am Herzen wie Mondi.

Wie Sie bereits aus der Entstehungsgeschichte der Equikinetic erfahren haben, war Mondi das erste »Opfer« im Training. Er war nach fünf Monaten Training ein Modell-Athlet. Nie zuvor in seinem Leben hatte er solch eine Muskulatur und solch eine Ausstrahlung wie im Sommer 2013, noch nicht einmal als er aktiv Rennen lief.

Irgendwann im September 2013, als ich auswärts einen Lehrgang abhielt, bekam ich den

Prairie Almondo in seiner aktiven Zeit als Rennpferd.

Anruf, Mondi hätte sich verletzt. Er hatte sich eine Mikroverletzung zugezogen und sein Bein war stark angeschwollen. Na ja, das kennen wir ja, solch eine Phlegmone bekommt man wieder in den Griff. Der Tierarzt war sofort vor Ort und alle erforderlichen Maßnahmen wurden ergriffen. Am Tag zwei war das ganze Bein so dick angeschwollen, dass er sich schon nicht mehr bewegen konnte. Mondi hüpfte auf drei Beinen, aber wenn ich ehrlich bin, machte ich mir noch keine großen Gedanken. Erst als es nach fünf Tagen noch nicht besser wurde, bekam ich Panik. Jeden morgen um 5.30 Uhr das gleiche Spiel: Ich stand an der Stalltür, holte ganz tief Luft und dachte »verdammt, er nimmt immer noch keine Last auf dem Bein auf«. Während die Schwellung am Rest des Beines schön zurückgegangen war, blieb das Gelenk unverändert dick. Mondi wollte sich nicht am Bein anfassen lassen, selbst um die Eisen abzunehmen, musste er stark sediert werden. Tag für Tag und Woche für Woche vergingen und es wurde einfach nicht besser. Obwohl ich es nicht wahrhaben wollte, wurde mir langsam bewusst, dass die tierärztliche Diagnose, die damals gestellt wurde, wohl doch nicht so weit von der Hand zu weisen war.

Die Originalaussage meines Tierarztes lautete: »Das wird ganz schwierig. Wenn, dann wird er ein Koppelpferd. Traben oder galoppieren wird Mondi nicht mehr können.«

Wir haben geschmiert, massiert, gemacht, getan. Nach vier Wochen auf drei Beinen gab es zum ersten Mal einen Lichtblick. Mondi belastete das verletzte Bein ganz leicht und sehr vorsichtig. Ich war den Tränen nahe! Wer mich und mein Pferd kennt, weiß, was das für mich bedeutet hat. Ich hatte nie ganz den Glauben verloren, dass der »alte Kämpfer« wieder gesund würde. Jeden Tag wurde es nun ein bisschen besser. Nach einer Woche beschloss ich, Mondi in der Equikinetic zu arbeiten. Natürlich nur im Schritt und ganz langsam. Aber ich wollte mit ihm arbeiten. Ich wusste, dass er dieses Bein benutzen musste, um wieder gesund zu werden.

Ich glaube, es gab nur Wenige, die mich nicht für verrückt hielten, aber ich habe es gemacht. Die erste Einheit bestand nur aus zwei Runden à 30 Sekunden, und glauben Sie mir, es war ein Bild des Grauens. Ich glaube nicht, dass ich ihn hätte retten können, wenn ich Einsteller eines Pensionsstalles gewesen wäre. Jeder hätte mir geraten, ja wahrscheinlich gefordert, ihn über die Regenbogen-Brücke gehen zu lassen. Aber seine Augen sagten mir ganz klar: »Ich will leben!« Ich arbeitete jeden zweiten Tag mit ihm, immer nach Plan, immer mit der Uhr. Nach vier Wochen ging der Schritt schon ganz flott und nach nur drei Monaten galoppierte er wieder über die Koppel. Ich werde an dieser Stelle oft gefragt: »Was habt Ihr sonst noch gemacht?« Meine Antwort: »Nichts, nur trainiert, mehr nicht.« Als Mondi wieder genesen war, haben wir, und das mit großem Erfolg, die Neurostim-Therapie eingesetzt. Allerdings wurde das Pferd während der Akutphase nur kontrolliert bewegt und trainiert.

Ich kann mich noch gut an einen Equikinetic-Kurs im Juli 2013 erinnern, Mondi stand wie ein neues »Sportwagenmodell« in der Reithalle, vor Kraft strotzend und mit einer wunderbaren Ausstrahlung. Die Kursteilnehmer gingen um ihn herum und schüttelten vor Erstaunen nur den Kopf. Vier Wochen auf drei Beinen und Mondi sah aus, wie eines der Pferde, das wir von den weniger schönen Bildern von Facebook kennen: abgemagert und ohne Muskulatur. Schlichtweg ein Bild des Grauens. Im Leben hätte ich nicht geglaubt, dass ein Pferd, das bis zum Tag seiner Verletzung nicht besser hätte aussehen können, in so kurzer Zeit derart abbauen kann.

Ein gutes Jahr danach, mit konstantem Training in der Equikinetic, ging es Mondi wieder gut. Hätte man mir gesagt, er kann nur noch auf die Koppel, wäre auch das für mich keine Frage gewesen, ihn am Leben zu lassen.

Mondi ist und bleibt hoffentlich noch lange ein wichtiger Bestandteil meines Lebens.

MIRA

war im November 2013 dem Tode geweiht. EMS, Cushing, Reheschübe und Risse im Hufbein, dazu ein sehr schlechter Allgemeinzustand. Die Aussichten für Mira auf Genesung waren gering. Das Pferd lief schlecht und mochte kaum noch aufstehen.
Equikinetic brachte die Wende. Anfangs wurde mit ihr zweimal die Woche nur im Schritt gearbeitet, das brachte den Richtungswechsel. Mira galoppiert heute über die Koppel, ist in einem sehr guten Zustand und hat ihre Lebensfreude wieder. Equikinetic rettete ihr buchstäblich das Leben.

Mira

Die Leser meines ersten Buches »Be Strict« kennen meine Haflingerstute Mira. Sie war schon ein besonderer »Widerborst«, aber auch eine einzigartige Vertreterin ihrer Rasse. Es gibt viele unvergessene Szenen mit ihr, an die ich mich erinnere.
Eine davon spielte sich auf unserem ersten Turnier in Bodenkirchen ab. Beim Satteln zur ersten Prüfung hatte meine Madame beschlossen, kurzfristig erst einmal das gesamte Areal zu erkunden, ohne mich natürlich. Damit hinterließ sie gleich einen ganz besonderen

Die Equikinetic wurde Miras Rettung.

Eindruck in der Öffentlichkeit. Es wäre nicht meine Mira gewesen, wenn es ganz ohne Action vonstatten gegangen wäre.
Die zahlreichen Kurse bei Roger Kupfer, bei denen Mira immer wieder für die »Highlights« des Tages sorgte, nicht zu vergessen ... Fragen Sie nicht, wie weit wir mit den Versuchen gekommen sind, sie einzufahren. Mira sorgte immer für Gesprächsstoff. Genau diese Mira, mit allen Facetten ihres Charakters, mit ihrer eigenen Art, immer wieder für besondere Überraschungen zu sorgen, ebnete mir meinen Weg zu den Pferden.
Im Alter wurde Mira krank und ihr Gesundheitszustand verschlechterte sich zusehens. Es war ein langer, langer Leidensweg, den wir beide in all den Jahren durchschreiten mussten, von Bangen und Hoffen geprägt. Es gab Wochen, in denen es ihr deutlich besser ging und Wochen, in denen ich die Hoffnung beinah aufgab. Hufrehe, Risse im Hufbein, Arthrose, Cushing und EMS (Equines Metabolisches Syndrom). Diesen Befund, eine katastrophale Diagnose zu nennen, wäre noch untertrieben. Natürlich war uns klar, dass wir mit der Fütterung aufpassen mussten. Es war immer sehr schwer, Miras Rationen zu reduzieren, denn Fressen ist und bleibt für sie einfach das absolut Wichtigste im Leben. Wir haben bei ihr sicherlich reichlich Fehler gemacht, was die Fütterung betraf, aber Sie kennen das sicher: zwei Augen strahlen Sie an und verlangen nach mehr. Hier noch eine Karotte, da noch eine Extra-Portion Heu. Das passiert alles letztlich natürlich auf Kosten der Pferdegesundheit. Wir können unsere Fehler bei diesem Pferd nicht mehr rückgängig machen, aber in der Zukunft sicher vieles besser.

Nun stand meine geliebte Mira da, müde vor Schmerzen und kaum fähig, sich zu bewegen. Den Tag im November 2013 werde ich nie vergessen, als ich mit Alexandra Schmid am Paddock stand und ich zu ihr sagte: »Alex, ich glaube das wird nichts mehr, ich kann es zwar kaum fassen, aber wir werden mit Mira bald den letzten Weg gehen müssen.«

Irgendwo in meinem Inneren starb langsam aber sicher die Hoffnung, dass sie noch eine Chance hatte, gesund zu werden.
Sie konnte sich stetig schlechter bewegen, denn es waren nicht nur ihre Beine, die keine Kraft mehr hatten. Nein, es schien, als würde ihr ganzer Körper vor Schmerzen langsam aber sicher nachgeben. Mit dem Wissen von heute würde ich sogar auf Faszienschmerzen tippen. Natürlich sagten uns viele, es wäre nun an der Zeit, sie gehen zu lassen.
Mira wollte das aber nicht. Jede Faser ihres Körpers schien zu schmerzen, aber ihr Wille zu leben war ungebrochen. Ihre Augen strahlten diesen unbändigen Überlebenswil-

len aus, der uns sagte, dass sie noch nicht sterben wollte. Ihr Motto schien zu sein: »Lass uns weiterkämpfen!«
Die Idee, Mira mit Kristallkraft und Cooley zu entgiften bzw. zu relaxieren, war der Startschuss für ihre Genesung. Nach kurzer Zeit konnten wir schon erste Anzeichen einer Besserung der Symptome feststellen.

Nach drei weiteren Wochen beschloss ich, Mira in der Equikinetic zu arbeiten. Nicht lange, nur ein paar Runden und dennoch von Anfang an mit Timer und in Innenstellung. Jeden zweiten Tag, Woche für Woche. Wir konnten täglich beobachten, wie es ihr besser und besser ging.

Nach einem halben Jahr begann sie deutlich abzunehmen. Sie bewegte sich immer geschmeidiger. Der Frühling kam und ich erwägte, Mira wieder auf die Koppel zu lassen.

Für mich war es unfassbar, wie sich mein Pferd, meine Mira, in dieser Zeit entwickelte. Wir konnten Mira damals von einem Züchter kaufen, da sie nicht rossig wurde und zur Zucht für ihn nicht geeignet war. Heute, im stolzen Alter von 24 Jahren, ist sie zum ersten mal in ihrem Leben im Zyklus. Unglaublich, aber wahr. Sie können sich sicher vorstellen, was das für mich bedeutet. Mira ist nicht mehr wiederzuerkennen, als hätte man mir das Pferd unter der Hand ausgetauscht. Sie galoppiert bockend über die Koppel, Lebensfreude pur!

Auf Kursen hat sie wieder ihren festen Platz und nimmt voll und ganz an unserem Leben am Hof teil.
Ein Pferd, das Dich 20 Jahre lang begleitet hat, in dem Dein gesamtes Herzblut steckt, ist kein Tier, das da einfach irgendwo im Stall steht. Mira ist ein Familienmitglied.

MIRA
ist im Mai 2018 über die Regenbogenbrücke gegangen

Wir haben gekämpft, gehofft, gebetet und doch verloren. Mira wurde 28 Jahre alt und sah aus wie das blühende Leben. Vor 5 Jahren war es schon einmal fast so weit, aber die Equikinetic hatte sie gerettet. Mit meiner Mira begann alles, sie war 24 Jahre bei mir, ohne sie gäbe es die Blau-Gelbe-Welt nicht. Die Western-Turniere mit ihr waren ein besonderes Erlebnis. Sie half mir, die vielen Trainer auszubilden und trug brav meine Enkel auf ihrem Rücken. Ich habe ihr so viel zu verdanken, sie war ein ganz besonderes Pferd. Mira, du wirst immer in unseren Herzen sein. Wir werden dich nie vergessen. R.I.P. Kleine Hafimaus, wir sehen uns wieder. Ganz bestimmt.

Kapitel 2

Anatomisches Hintergrundwissen

Sehnen

Was sind eigentlich Sehnen?

Sehnen bestehen aus zugfesten kollagenen Fasern. Sie verbinden entweder den Muskel mit dem Knochen und gehen in dessen kollagenfasrigen Ansatz über oder sie verbinden zwei Muskelbäuche. Sehnen fassen dabei die Muskelfasern zu seilähnlichen Strukturen zusammen. Jeder Skelettmuskel wird über eine Sehne mit dem Knochen verbunden.

Man unterscheidet, je nach Verlauf, zwischen Ursprungs- und Ansatzsehnen sowie den Zwischensehnen. Es gibt kurze Sehnen, wie wir sie am Brustmuskel finden, und die langen Sehnen an den Beinen. Breite, flächige Sehnenplatten, die z. B. die Bauchmuskulatur verbinden, nennt man Aponeurosen.

Sehnen werden in ihrem Verlauf in Zug und Druck(Gleit)sehnen unterteilt. Zugsehnen verlaufen in Hauptrichtung der Muskulatur. Wie der Name erahnen lässt, werden sie nur auf Zug belastet und sind die Helfer der Skelettmuskulatur. Derartige Zugsehnen sind absolut unelastisch, zeichnen sich aber durch hohe Reißfestigkeit aus. Zu den Zugsehnen zählt z. B. die tiefe Beugesehne. Drucksehnen werden um einen Knochen herumgeleitet und verlaufen nicht in Wirkungsrichtung des Muskels. Elastische Sehnen sind extrem dehnungsfähig, weisen jedoch eine geringere Zug- und Reißfestigkeit auf.

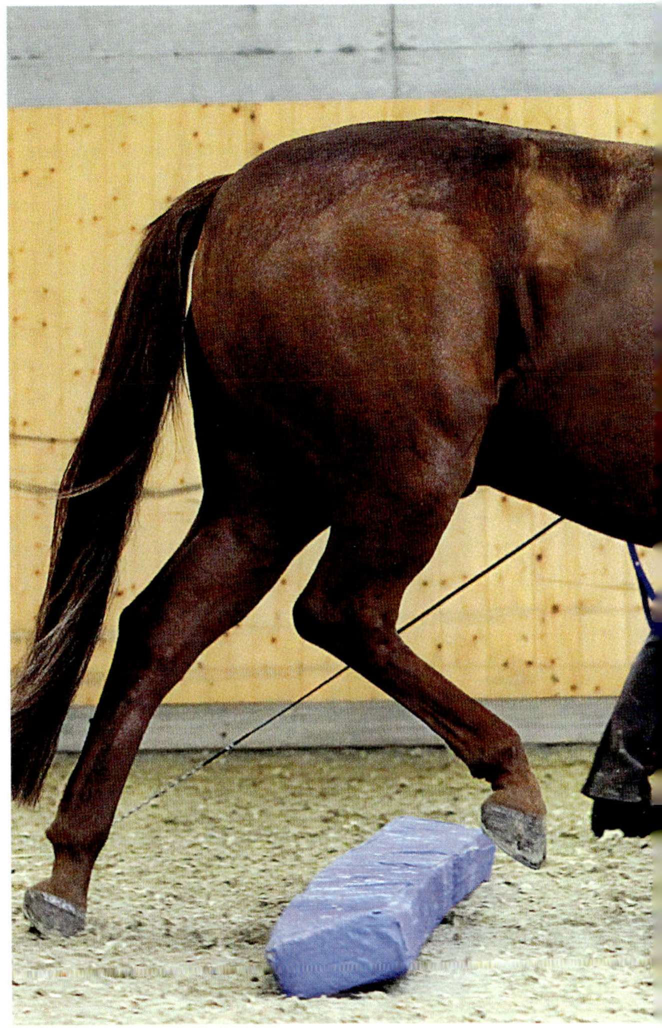

Sehnen unterstützen die Muskeln dabei, die Gelenke zu bewegen, und helfen so, Energie zu sparen.

Funktion der Sehnen

Sehnen helfen die Kraft des Muskels auf den Knochen zu übertragen. Sehnen haben eine federnde Wirkung. Die Energie, die vom Muskel erzeugt wird, wird kurzzeitig von der Sehne gespeichert und dann an das Skelett weitergegeben. Sehnen helfen also dem Muskel Energie zu sparen.

Sehnenschäden durch Fehl- und Überbelastung

Eine der gefürchtetsten Krankheiten ist ein Sehnenschaden. Ein Albtraum für jeden Pferdebesitzer. Denn: »Ohne Beine kein Pferd.« Sehnen sind schlecht regenerativ. Da sie mäßig durchblutet sind, ist die Regenerationszeit entsprechend lang.

Jeder Reiter fürchtet um die Belastbarkeit der einmal beschädigten Sehne. Nicht zu Unrecht. Durch ihr kollagenfasriges Gewebe besitzen Sehnen durchaus eine hervorragende Reißfestigkeit. Ist die Sehne jedoch beschädigt, bleibt oft ein irreversibler Schaden zurück. Das hat jedoch meistens eine Vorgeschichte. Durch Fehl- und Überbelastung entstehen sogenannte Mikrotraumen, also kleinste Faserrisse, die die Sehne schädigen. Diese Mikrotraumen verhindern eine gute Durchblutung der Sehne und führen zu Verhärtungen und Degenerationen. Die Sehne heilt und bildet Ersatzgewebe an den geschädigten Stellen aus. Um dieses neu gebildete Ersatzgewebe ist die Sehne jedoch geschwächt. Es entstehen regelrechte Sollbruchstellen. Die Sehne wird anfälliger für Einrisse.

Folgen von Belastung und Fehlbelastung einer verletzten Sehne.

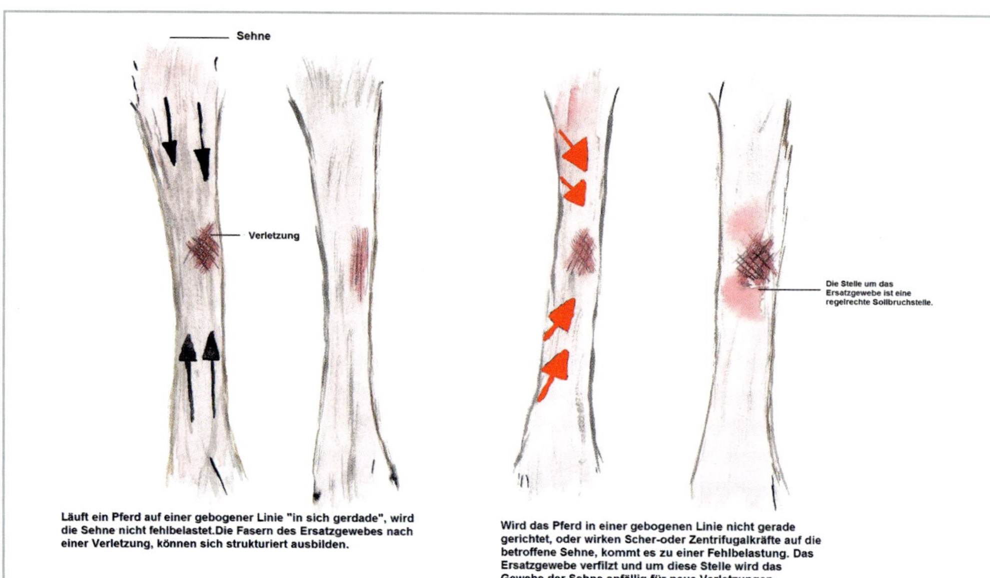

Es dauert sehr lange, bis die Stelle verheilt ist und wieder geordnete Strukturen ausbildet. Das A und O, um einen Sehnenschaden auszuheilen, ist deshalb ein gutes Aufbautraining! Am kontraproduktivsten wäre es, dem Pferd Boxenruhe zu verordnen. Die besten Erfahrungen habe ich gemacht, wenn die Pferde schonend bewegt wurden. Nur durch Bewegung wird gewährleistet, dass die »geflickte« Stelle in der Sehne elastisch wird. Verordnet man dem Pferd Boxenruhe, um es vermeintlich zu schonen, bildet sich das Ersatzgewebe in alle Richtungen aus und wird starr und verfilzt regelrecht. Um die »Kollagenfaser-Hierarchie« wieder herzustellen, damit die Fasern der Sehne in eine Richtung und nicht kreuz und quer wachsen, bildet die Equikinetic hier eine gute Grundvoraussetzung. Das Training bewirkt eine gleichmäßige Belastung und Durchblutung der Sehnen.

Starke Sehnen können Sehnenschäden verhindern

Die Elastizität einer Sehne ist durchaus trainierbar. Um die Sehnen Ihres Pferdes zu stärken, ist eine gleichmäßige Belastung notwendig. Die Sehnen werden besser durchblutet und ihre Struktur wird gestärkt. Die Equikinetic leistet hier wertvolle Dienste. Durch das Geraderichten des Pferdes und die dabei gleichmäßige Belastung der Muskulatur, werden auch die Sehnen im richtigen Verhältnis beansprucht.

Sehnen wachsen langsamer als Muskulatur

Nicht alles, was machbar ist, ist immer sinnvoll. Es wäre durchaus möglich, mit der Equikinetic in noch kürzerer Zeit noch mehr Muskulatur aufzubauen, um Ihr Pferd wie einen Preisboxer dastehen zu lassen. Der Nachteil wäre, die Sehnen könnten mit diesem Wachstum nicht mithalten. Sehnen sind schlechter durchblutet als Muskeln und wachsen auch langsamer. Die Equikinetic mit einem planvollen und durchdachten Aufbautraining für Muskulatur und Sehnen sorgt dafür, dass Ihr Pferd gesund bleibt!

WISSENSWERTES

***Sehnen sind Energiespeicher** und helfen den Muskeln, die Energie an die Knochen weiterzuleiten.*
Zugsehnen sind sehr strapazierbar und halten Zugkräften bis zu 1000 kg stand, sind jedoch kaum dehnbar.
Um Mikrorupturen und auch größere Einrisse an den Sehnen bildet der Körper Ersatzgewebe. Um dieses Ersatzgewebe herum ist das Sehnengewebe geschwächt. Das neu gebildete Gewebe muss belastet werden, damit dessen Struktur nicht kreuz und quer wächst, sondern sich geordnet in das vorhandene Sehnengewebe einbinden kann.

Lange Stehzeiten in der Box machen Faszien unelastisch.

Faszien

Faszien fanden bis vor einigen Jahren wenig Beachtung. Ihre Bedeutung wird dank intensiver Forschung immer klarer. Zum Wohle unserer Pferde werfen wir einmal einen etwas genaueren Blick auf die Faszien. Noch immer ist hauptsächlich die Muskulatur im Fokus der Pferdewelt, was eigentlich auch gut und richtig ist. Wir kennen das von uns selber z.B. bei schmerzhaften Verspannungen im Schulterbereich. Aber dafür müssen nicht nur die Muskeln verantwortlich sein.

Die Wahrscheinlichkeit, dass Faszien zum Teil für die Schmerzen verantwortlich sind, ist durchaus gegeben. Wenn Pferde undynamisch, »stakelig« und steif laufen, können wir davon ausgehen, dass ihre Faszien nicht in Bestform sind. Faszien brauchen Pflege, und sie müssen, um elastisch zu bleiben, in die Bewegungsrichtung trainiert werden. Das ist nötig, damit sie nicht verfilzen. Das Zauberwort heißt also wieder einmal: Bewegung. Pferde sind Lauftiere.

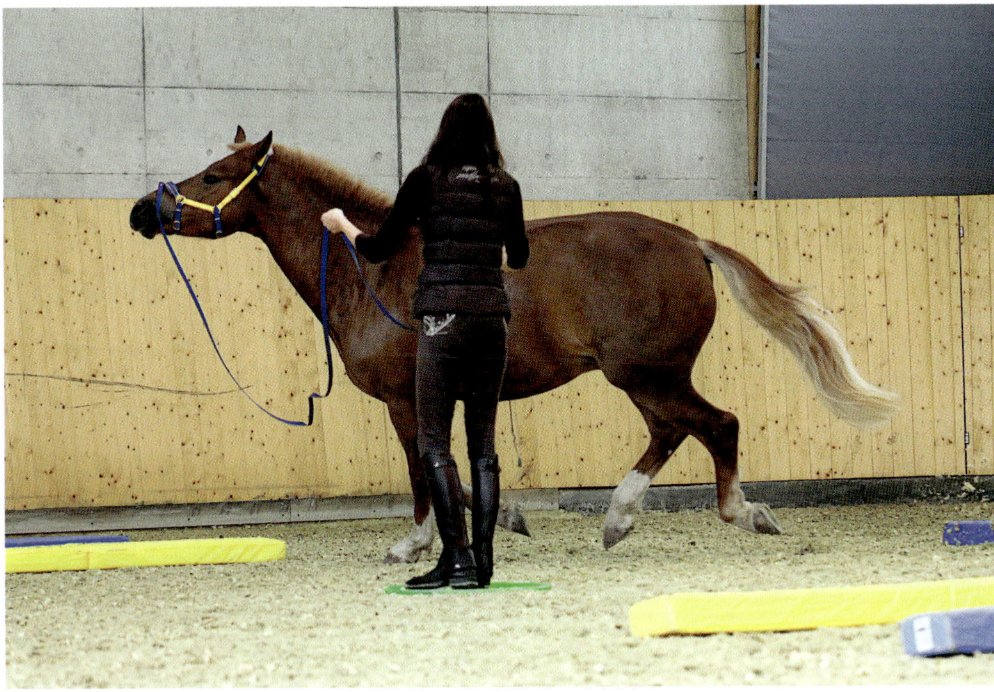

Auch Fehlbelastungen durch falsches Laufen oder Reiten haben einen ungünstigen Einfluss auf das fasziale Netzwerk, da die Faszien nicht mehr in Bewegungsrichtung gedehnt werden.

Ohne anatomisch korrekt bewegt zu werden, versteifen und verhärten die Faszien, was sehr schmerzhaft sein kann. Bei Menschen werden verhärtete, verdickte Faszien sogar manchmal operativ entfernt, um Schmerzen zu lindern.

Das Training in der Equikinetic verhindert, dass Fasziengewebe verfilzt, und es kann effektiv dazu beitragen, bereits verhärtete Strukturen zu lösen, Faszien wieder elastisch zu machen und Ihr Pferd wieder in Form zu bringen. Durch die gleichmäßige Belastung der Faszien wird deren Gitternetzwerk so geformt, wie es das Pferd benötigt.

Was sind Faszien?

Fasziales Bindegewebe besteht hauptsächlich aus Kollagenfasern, Elastin und Zwischenzellsubstanz. Es durchzieht mit seiner Gitterstruktur den ganzen Körper, umhüllt wie ein Netz Organe, Knochen und jede einzelne Muskelfaser. Faszien verbinden ganze Muskelgruppen und üben eine Art Stoßdämpferfunktion aus. Sie geben dem Körper Struktur und Elastizität und verleihen ihm die nötige Spannung und helfen dadurch, Muskelkräfte zu übertragen. Für die Fortbewegung und die Stabilisierung des Körpers sind sie unentbehrlich.

»Fasziale Züge« sind eine Reihen- und Parallelschaltung von Faszien. Sie fassen Muskeln zu Gruppen zusammen und damit zu einer funktionellen Einheit. »Fasziale Züge« entstehen durch Kraftfluss und durchziehen weite Strecken im Körper (z. B. die fasziale Verbindung der Hinterhand über den Rücken zum Hals und der Schultermuskulatur). Als eine myofasziale Kette bezeichnet man die Verbindung zwischen den Faszien und der Muskulatur.

Faszien bestehen aus mehrschichtigem Gewebe. Dieses setzt sich aus stärkeren Kollagenfasern und dünneren Elastinfibrillen zusammen. Zwischen den Strukturen ist Wasser mit Protein eingebunden, welches als Schmiermittel seine Funktion erfüllt, um einen reibungslosen Ablauf der Bewegungen zu gewährleisten.
Wenn Faszien gedehnt werden, haben sie eine federnde Wirkung. Sie dehnen sich und ziehen sich danach wieder schnell zusammen, dadurch kann kinetische Energie gespeichert und wieder freigegeben werden. So helfen sie der Muskulatur Energie zu sparen.

Faszien sind jedoch nicht nur Bindegewebe. Sie sind mit Nerven und Rezeptoren (Messfühlern) durchzogen. Verfilzen die Faszien zu einem nichtelastischen Gebilde, sinkt ihre Elastizität und die Funktionalität schränkt sich ein, was wiederum zu Entzündungen führen kann. Diese sind sehr schmerzhaft für das Pferd und zwar unabhängig von der Muskulatur.

WISSENSWERTES

***Von der kleinsten Muskelfibrille** bis hin zum »Netz«, das den Muskel umhüllt, sind Faszien miteinander verbunden.*

Faszien können regelrecht verfilzen

Soll eine Muskelkette arbeiten können, müssen auch die dazugehörigen Faszien dehnungsfähig gemacht werden.

Beim Pferd verbinden Faszien z. B. die dorsale Muskelkette (Hals- und Rückenstrecker, Kopf-Arm-Muskel) mit der ventralen Muskelkette (Bauchmuskulatur, Zungenbeingruppe sowie unterer Halsbeuger, die sich in der Zungenbeinregion mit der dorsalen Muskelkette verbinden). Treten in diesen Muskelketten Störungen auf, beeinflusst das die Gesamtdynamik und den korrekten Bewegungsablauf, was das Pferd früher oder später krank macht.

Faszien geben dem Muskel Form und Stabilität und sie grenzen die einzelnen Muskeln untereinander ab, sodass diese sich während der Kontraktion nicht gegenseitig behindern.
Die Kollagen- und Elastinfasern der Faszien haben eine geordnete Struktur, wie ein symmetrisch angeordnetes Gitternetzwerk, das ihnen eine gewisse Elastizität erlaubt.

Werden die Faszien nicht in die richtige Richtung oder gar nicht benutzt, sprießen diese Fasern nicht mehr in die gewünschte Richtung, sondern breiten sich kreuz und quer aus. Es entsteht ein verfilztes Geflecht, welches nicht mehr in der Lage ist, sich korrekt zu dehnen, somit verursacht es dem Pferd Schmerzen. Verfilztes Fasziengewebe ist aufgrund der nicht mehr klar strukturierten Fasern wie gesagt in seiner Dehnungsfähigkeit eingeschränkt.

Bedenkt man, dass ein Muskel von der kleinsten Muskelfibrille bis hin zur »Ummantelung« des Muskels durch Fasziengewebe verbunden ist, kann man sich eine regelrechte Kettenreaktion vorstellen. Sie äußert sich vor allem dadurch, dass Pferde steif laufen. Sie mögen sich nicht stellen und biegen lassen und reagieren sehr oft widersetzlich. Bei Lahmheiten, für die keine weitere Ursache bekannt ist, könnten verklebte, verfilzte Faszien durchaus eine Rolle spielen. Die Muskeln sind in den verklebten Faszien »gefangen« und das verursacht Schmerzen.

Wie trainiert Equikinetic die Faszien?

Durch das Training in der Equikinetic ist es den Muskelketten erlaubt, ökonomisch zusammenzuarbeiten. Durch die Stellung und Biegung entsteht eine Grundspannung und die Faszien werden somit in die gewünschte Richtung gedehnt. Faszien müssen bewegt werden, sonst werden sie starr und verfilzen. Durch die gleichmäßige Vorwärtsbewegung in der Equikinetic bleiben die faszialen Strukturen elastisch und können ihre Funktion erfüllen.

Ein Effekt der Equikinetic ist, dass ein Erstarren der Faszien verhindert wird, umgekehrt kann das Training dazu beitragen, bereits »erstarrte« Faszien wieder geschmeidig zu machen. Die Muskel- und Faszienketten dürfen zusammenarbeiten und das Pferd bleibt gesund, da es mit gleichmäßiger Dynamik und Spannung gearbeitet wird.

Um die Faszien wieder dehnbar zu machen und ihnen die vorgesehene Struktur zurückzugeben, stehen langsame Bewegungen und keine schnellen und ruckartigen im Vordergrund. Führen Sie die Equikinetic zunächst im Schritt durch.

Zusammenfassung

Faszien

- *durchziehen und umgeben den Muskel mit einer aus Bindegewebe bestehenden Struktur. Sie bestehen aus Kollagen, Elastinfasern und Zwischenzellsubstanz, trennen und verbinden die Muskulatur untereinander*
- *erfüllen funktionale Aufgaben innerhalb des Bewegungsapparates und haben eine wichtige Bedeutung für die Statik, Motorik und die effektive Kraftleistung der Muskulatur.*

*»**Fasziale Züge**« sind eine Reihen- und Parallelschaltung von Faszien. »Fasziale Züge« fassen Muskeln zu Gruppen zusammen und damit zu einer funktionellen Einheit.*

»Fasziale Züge« entstehen durch Kraftfluss und durchziehen weite Strecken im Körper (z. B. fasziale Verbindung der Hinterhand über den Rücken zum Hals und der Schultermuskulatur).

Als eine myofasziale Kette bezeichnet man die Verbindung zwischen den Faszien und der Muskulatur. Druck und Zugkräfte werden durch solche Ketten verteilt.
Durch zu wenig und falsche Belastung verkleben oder verfilzen die Faszien, was äußerst schmerzhaft fürs Pferd sein kann.

Faszien bilden ihre elastische Struktur nach der mechanischen Belastung aus. Läuft ein Pferd korrekt, gibt es auch keine Verfilzungen.
Equikinetic beugt einer Faszienverklebung vor und kann helfen, die Faszien wieder in Form zu bringen.

Muskeln

Muskeln halten das Knochengerüst zusammen und sind dafür verantwortlich, dass das Pferd sich bewegen kann. Für den Stoffwechsel spielen sie auch eine nicht unerhebliche Rolle. In einem Satz wäre alles gesagt, aber warum legen wir so enormen Wert auf den korrekten Muskelaufbau unserer Pferde?
Wir legen so viel Wert darauf, weil nur ein korrekter Muskelaufbau unser Pferd gesund erhält und es uns ermöglicht, ein Pferd zu reiten. Darum ist es auch wichtig zu verstehen, wie ein gut bemuskeltes Pferd aussehen muss.

Schauen wir uns die Muskeln genauer an, wird uns ihre enorme Bedeutung bald klar. Man unterscheidet zwischen drei Arten der Muskulatur:

Die glatte Muskulatur

Sie kann nicht willentlich vom Körper gesteuert werden. Kontrolliert wird die glatte Muskulatur vom vegetativen Nervensystem.

Ein Beispiel wäre die Muskulatur des Darmes, die dafür sorgt, dass der Futterbrei durchbewegt wird. Eine träge und schlaffe Darmmuskulatur hat eine schlechte Verdauung zur Folge, die wiederum negative Auswirkungen auf den Gesamtgesundheitszustand Ihres Pferdes hat.

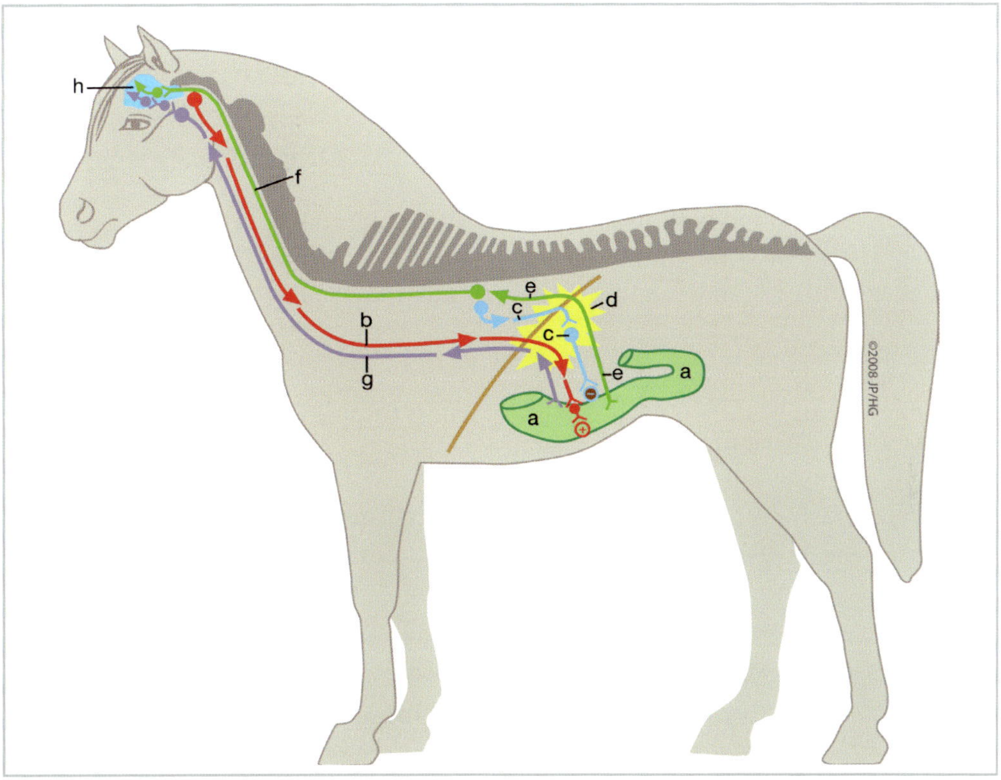

a Darmstück, linker Teil und Beckenkrümmung des großen Grimmdarmes, stellvertretend auch für die übrigen Abschnitte des Magen-Darm-Traktes; b zum Darm führende Nervenfasern des Parasympathicus (Vagusnerv, rot), fördern die Motorik (+); c zum Darm führende Nervenfasern des Sympathicus (blau), hemmen die Motorik (-); d Sonnengeflecht (Geflecht von vegetativen Nervenzellen und Nervenfasern in der Bauchhöhle).

e vom Darm wegführende Fasern des Sympathicus (grün); f Nervenbahnen im Rückenmark (grün), leiten Dehnungs- und Schmerzreize zum Gehirn; g vom Magen-Darm-Trakt wegführende Fasern des Vagusnerven (violett); h Gehirn.

Die vom Magen-Darm-Trakt wegführenden Fasern (e, g) leiten Dehnungsreize zum Rückenmark oder zum Gehirn. Starke Dehnungsreize können als Schmerzen bewusst werden, wenn sie bis zur Großhirnrinde des Gehirns (h) geleitet werden.

WISSENSWERTES

***Equikinetic** bringt die Verdauung Ihres Pferdes in Schwung. Bewegung regt das vegetative Nervensystem an und die Darmmuskulatur Ihres Pferdes wird dadurch mittrainiert.*

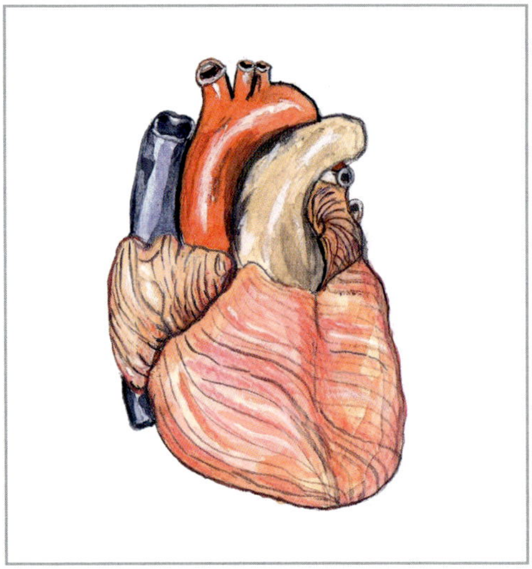

Die Herzmuskulatur

Auch die Herzmuskulatur arbeitet autonom. Sie hat ein eigenes Erregungssystem und arbeitet unwillkürlich. Durch aktives Training kann aber auch dieser Muskel vergrößert werden, um eine Leistungssteigerung zu erzielen. Equikinetic trainiert die Herzmuskulatur, sie wird dadurch stärker und die Kondition Ihres Pferdes wird gesteigert. Equikinetic ist damit auch Cardiotraining. Der Herzmuskel wächst und ist zu mehr Leistung bereit.

Im Ruhezustand schlägt das Herz eines gesunden Pferdes ***28 bis 40 Mal pro Minute***. Es ist wichtig, diese Ruhefrequenz des Pferdes zu kennen, da eine Erhöhung des Herzschlages im Ruhezustand auf Schmerz, Angst, Krankheit oder Anspannung hinweisen kann. Es werden dabei ca. 40 l Blut durchs Pferdeherz gepumpt.

WISSENSWERTES

***Das Herz** ist ein riesiger Muskel. Gut trainierte Pferdeherzen sind in der Lage, bei jedem Schlag mehr Blut durch die Adern zu pumpen als untrainierte. Bei regelmäßigem Training passt sich diese Muskulatur der geforderten Belastung an und das Herz arbeitet ökonomischer und wird leistungsfähiger.*

Die Skelettmuskulatur

Jetzt geht es um die Muskeln, die uns hauptsächlich interessieren. Skelettmuskeln sind für die willkürlichen, also meist bewussten, aktiven Körperbewegungen zuständig. Ein Pferd besitzt rund 700 Skelettmuskeln, die in einer Kette zusammenarbeiten sollten. Skelettmuskulatur benötigt das Pferd also um sich zu bewegen. Durch diese Muskeln ist es ihm möglich, sich dosiert zu bewegen, etwa im langsamen Schritt, oder in schnellem Galopp zu flüchten.

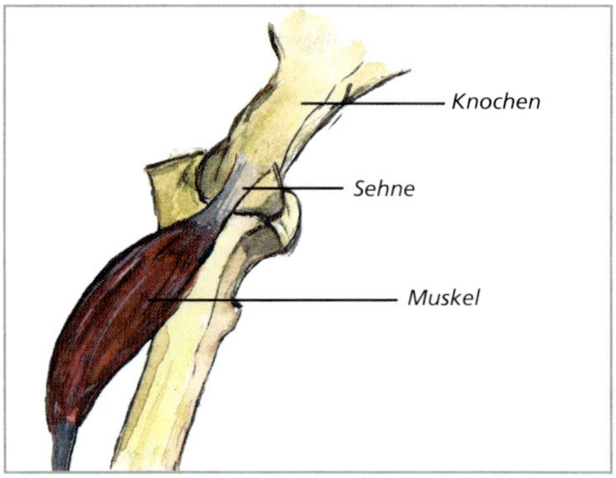

Muskeln sind über Sehnen mit dem Knochen verbunden.

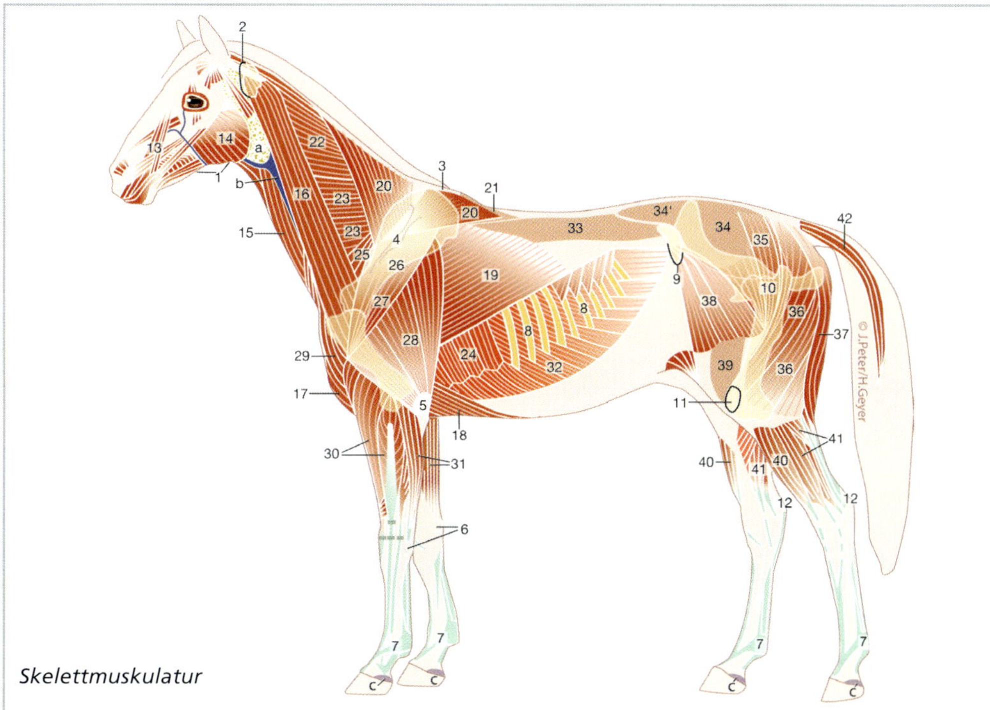

Skelettmuskulatur

Muskelübersicht vom Pferd, Ansicht von links, leicht schematisiert
1–12 Orientierungspunkte: 1 Unterkieferrand; 2 Atlasflügel; 3 Widerrist; 4 Schulterblattgräte; 5 Ellbogenhöcker; 6 Erbsenbein; 7 Fesselgelenk; 8 Rippen; 9 Hüfthöcker; 10 großer Umdreher des Oberschenkelknochens; 11 Kniescheibe; 12 Fersenhöcker.

13 Mimische Muskulatur; 14 Kaumuskulatur; 15 untere Halsmuskulatur, M. sternocephalicus; 16 Oberarm-Kopfmuskel, M. brachiocephalicus; 17 oberflächlicher Brustmuskel; 18 tiefer Brustmuskel.

19 Breiter Rückenmuskel, M. latissimus dorsi; 20 M. trapezius; 21 Muskel zwischen Dornfortsätzen, M. spinalis thoracis – muskulöse Grundlage des Widerrists; 22 milzförmiger Muskel, M. splenius – kann Dornfortsätze des Widerristes gegen vorne ziehen = aufrichten; 23–24: Sägemuskel, M. serratus ventralis: 23 sein Halsteil, 24 sein Brustteil.

25 Oberer Grätenmuskel, M. supraspinatus; 26 unterer Grätenmuskel, M. infraspinatus – wirkt als Seitenband des Schultergelenks und ist bedeckt vom M. deltoideus; 27 M. deltoideus – Beuger des Schultergelenks; 28 M. triceps brachii – Strecker des Ellbogengelenks, die hinteren Teile wirken auch als Beuger des Schultergelenks; 29 M. biceps brachii – Beuger des Ellbogengelenks, bedeckt vom M. brachiocephalicus; 30 Strecker von Karpalgelenk und Zehe; 31 Beuger von Karpalgelenk und Zehe.

32 Bauchmuskulatur, sichtbar äußerer schiefer Bauchmuskel; 33 langer Rückenmuskel bedeckt von Faszie; 34 mittlerer Kruppenmuskel – Strecker des Hüftgelenks, 34 seine Lendenzacke; 35 oberflächlicher Kruppenmuskel; 36–37 lange Sitzbeinmuskeln für Vorwärtsschub: 36 M. biceps femoris, 37 halbsehniger Muskel, M. semitendinosus; 38 Faszienspanner, M. tensor fasciae latae; darunter 39 der Kniestrecker, M. quadriceps femoris.

40 Vordere Unterschenkelmuskulatur – Beuger des Sprunggelenks, Strecker der Zehe; 41 hintere Unterschenkelmuskulatur = Wadenmuskeln – Strecker des Sprunggelenks, Beuger der Zehe; 42 Schwanzmuskulatur.

a Ohrspeicheldrüse, Parotis; b Drosselvene; c Hufknorpel.

Muskelaufbau

Muskeln haben einen fleischigen Bauch, verjüngen sich am Anfang und am Ende, dort bilden sich dann die Sehnen aus. Über die Sehnen sind die Muskeln mittels Knochenhaut mit dem Knochen verbunden. Dadurch sind sie in der Lage, Kraft auf den Knochen zu übertragen und die Gelenke zu bewegen. Sie wandeln Energie in Bewegung um.

Muskeln sind zwar alle nach dem gleichen Prinzip aufgebaut, unterscheiden sich aber je nach Funktionalität in Aufbau und Form. Es gibt flache Muskeln, wie den Trapezmuskel, einfach »gefiederte Muskeln«, beispielsweise den M. Semimembranosus (Kniegelenkbeuger) oder den allseits bekannten Bizeps, mit zwei Muskelbäuchen.

Die Skelettmuskulatur besteht aus mehreren zusammengefassten Muskelfaserbündeln, diese bestehen wiederum aus einzelnen Muskelfasern. Muskelfasern setzen sich aus Myofibrillen oder Muskelfibrillen zusammen. Tausende der fadenförmigen Myofibrillen bilden eine Muskelfaser.

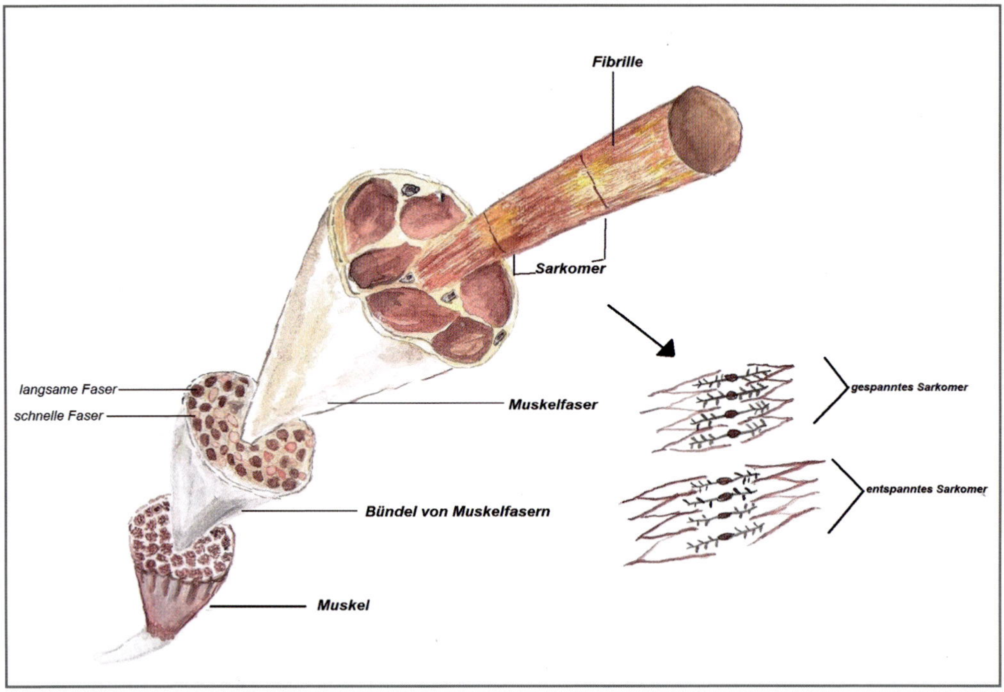

Wie in einem dicken Kabel werden die verschiedenen Muskelbestandteile gebündelt und verpackt. Eine Muskelkontraktion entsteht, wenn sich Myosin- und Aktinfillamente, die ein Sarkomer bilden, zusammenziehen.

Die Myofibrillen wiederum sind in einzelne Abschnitte unterteilt, die sich zusammenschieben, also kontrahieren, können. Myofibrillen bestehen im Wesentlichen aus den Proteinpolymeren (Eiweißbausteine) Myosin und Aktin. Wird ein Muskel angespannt, gleiten diese Myosinfilamente ineinander, wird er entspannt, ordnen sie sich wieder.

Ummantelt werden die Muskelfasern und Muskelfaserbündel von den Muskelhäuten, die schließlich mit den Faszien verbunden sind. Muskelfasern werden aufgrund ihrer kontraktilen Eigenschaften in schnell kontrahierende und langsam kontrahierende Muskelfasern unterteilt. Zudem gibt es noch eine oder mehrere Übergangsmuskelfasertypen.
Die langsam kontrahierenden Muskelfasern (slow twitch, ST) sind, da besser durchblutet, sehr ausdauernd und ermüden nur langsam.

Die schnell kontrahierenden Muskelfasern (fast twitch, FT) sind in der Lage, dem Körper schnelle und hohe Muskelkraft zur Verfügung zu stellen, ermüden aber schneller. Dieser Muskeltyp ist stärker auf den anaeroben Bereich eingestellt, also eher was für Sprinter, während die ST-Muskelfasern besser im aeroben Bereich arbeiten und somit mehr für den Ausdauerbereich geeignet sind.
Die Muskulatur besteht aus einem Mix der verschiedenen Muskelfasertypen. Entsprechend der Aufgabe jedes einzelnen Muskels kommen die Fasern in verschieden hoher Anzahl vor.
Ein Ausdauerpferd, wie etwa ein spezialisiertes Distanzpferd, besitzt, wie Untersuchungen am M. gluteus medius gezeigt haben, nur 72 % schnell kontrahierende (FT) Muskelfasern, während bei einem Quarter Horse 93 % der schnell zuckenden Fasern nachgewiesen wurden.

Muskelwachstum

Muskeln wachsen nach dem Prinzip »use it or loose it«. Werden Muskeln gebraucht, halten sie das Niveau der aufzubringenden Leistung. Werden Muskeln trainiert, vergrößern sie sich, um sich an die geforderte Leistung anzupassen. Muskeln sind aber vergesslich. Sobald sie nicht mehr arbeiten müssen, bauen sie wieder an Substanz ab.

Wenn Sie bei Ihrem Pferd Muskeln aufbauen wollen, benötigen diese, um wachsen zu können, einen Reiz, den sogenannten Wachstumsreiz.

Es ist ein Reiz, der dem Körper signalisiert, dass die momentan aufgebrachte Kraft nicht ausreicht, um eine Bewegung auszuführen. Der Muskel muss an seine momentane Maximalkraft herangeführt werden, um ihm zu zeigen, dass seine Leistungsfähigkeit nicht genügt.

Nach dem heutigen Stand der Wissenschaft wachsen dabei keine neuen Muskelfasern, sondern vorhandene Muskelfasern vergrößern bzw. verdicken sich. Diesen Vorgang nennt man Hypertrophie. Die Grundmuskulatur, also die Anzahl der Muskelfasern, ist genetisch und damit auch rassebedingt bei einem Pferd angelegt. Sie können die vorhandenen Fasern der Muskulatur also nur »verdicken«, aber in ihrer Anzahl nicht vermehren.

Muskeln wachsen nicht im Training, sondern in den Pausen

Durch intensives Equikinetic-Training werden die Muskeln des Pferdes beansprucht und der Körper braucht eine bestimmte Zeit, um sich erholen zu können. Durch Belastung entstehen an den Muskeln Mikrotraumen, kleine Einrisse in den Muskelfasern, die sich regenerieren müssen. Der Muskel repariert allerdings nicht nur seine geschädigte Struktur, sondern passt sich an die neue Situation an, d. h. er steigert seine Leistungsfähigkeit. Damit beugt der Körper zukünftigen Belastungen der Muskulatur vor. Der Muskel wächst also, um erneute Mikrotraumen zu verhindern.

Unterbricht man diese Phase durch ein verfrühtes Training, ist der Muskel weder in der Lage, sich zu erholen, noch zu wachsen. Im schlimmsten Fall kann der Muskel sein vorheriges Niveau nicht wieder herstellen und wird schwächer. Die Muskulatur wird übertrainiert und abgebaut.

Während das Pferd trainiert und seine Muskeln angestrengt werden, sinkt die Leistungsbereitschaft der Muskeln.

Nach dem Training beginnt sich die Muskulatur zu erholen. Sie stellt das Leistungsniveau wieder her, welches sie vor dem Training hatte.
Ist das geschehen, bereitet sie sich auf eine höhere Trainingsbelastung vor. Der Muskel wächst, um für die nächste Belastung »gerüstet« zu sein.
Wird die Muskulatur durch eine zu lange Pause geschont, und das aufgebaute Potenzial bleibt ungenutzt, pendelt sich das Niveau wieder bei der ursprünglichen Leistung ein. Das heißt, es findet kein Muskelwachstum statt.
Wird der nächste Trainingsreiz zu früh gesetzt, sind die Regenerationsphasen zwischen den Trainingseinheiten zu kurz. Die Muskulatur kann sich nicht erholen und die Leistungsfähigkeit des Muskels sinkt, trotz intensivem Training.

Zwischen den Equikinetic-Einheiten sollten Sie Ihrem Pferd daher ca. 48 Stunden Pause gönnen, damit die Muskulatur Ihres Pferdes optimal wachsen kann!

Fütterung und Equikinetic: Wie sollen Sie Ihr Pferd füttern?

Eine pauschale Aussage zu treffen ist äußerst schwierig. Es kommt auf Ihr Pferd an. Ist es zu dünn, zu dick oder eigentlich ganz passabel? Hat es nur keine Muskulatur? Haben Sie ein Pony, Voll-, Warm- oder Kaltblut?

Wie ist es um den Stoffwechsel Ihres Pferdes bestellt?
Equikinetic ist ein Muskelaufbauprogramm. Um Muskeln aufbauen zu können benötigt der Körper Energie. Muskulatur besteht hauptsächlich aus Proteinen, die dem Pferd auch in vernünftiger Form zur Verfügung stehen sollten.
Bei Pferden mit Übergewicht sollte der Futterplan überdacht werden, wobei meistens eine Kombination aus Bewegungsmangel und zu viel des guten Müslis der Grund für die aus der Form geratene Figur ist. Füttern mit Verstand ist hier angesagt.

Was benötigt das Pferd? Und was aus seiner Nahrung verarbeitet es wie?

Ein Grundsatz ist: Dem Pferd muss ausreichend gutes Heu zur Verfügung stehen. Auch bei dicken Pferden sollte man darauf achten. Ponys haben einen anderen Stoffwechsel als Vollblüter. Die Heumenge pauschal auf das Gewicht der Pferde umzurechnen ist nicht immer möglich.

Lassen Sie Ihr Pferd während der Aufbauphase nicht verhungern, es benötigt gutes Futter, um Muskulatur aufbauen zu können. Eine Radikaldiät kann böse Folgen haben. Die Hyperlipämie, dabei handelt es sich um eine sekundäre Fettstoffwechselstörung, ist ein lebensbedrohlicher Zustand. Dieser betrifft meistens dicken Ponys, besonders jene, die das Equine Metabolische Syndrom (EMS) haben. Hyperlipämie hat mehrere Ursachen, entsteht aber, wenn die Ponys in einen Hungerzustand geraten. Speziell Ponys sind in der Lage, große Mengen Fettsäuren zu produzieren, die ins Blut gelangen und von der Leber nicht mehr verarbeitet werden können. Sie können diese Fette nicht mehr verstoffwechseln.

Sind die Ponys von Hyperlipämie betroffen, ist die Überlebenschance schlecht. 60 bis 80 Prozent der Pferde sterben.

Der Trend geht dahin, den Pferden das Futter drastisch zu reduzieren. Oft sehen wir Pferde mit einem dicken Bauch, aber man kann jede Rippe zählen. Diese Pferde sind nicht

Ob ein Zusatzfutter nötig ist, entscheidet der individuelle Fütterungszustand des Pferdes.

dick, sie haben keine Bauchmuskulatur, die die Eingeweide stützt. Diese brauchen Platz und verteilen sich im Bauchraum. Sie brauchen dringend Futter und Muskulatur.

Dünne Pferde haben während des Aufbaus und auch danach einen höheren Energiebedarf. Hier darf also zugefüttert werden. Reicht dem Pferd die angebotene Heumenge nicht aus, kann Zusatzfutter gegeben werden. Sie sollten das Futter immer an Ihr Pferd und das Training anpassen.

Beachten Sie: Die Muskulatur Ihres Pferdes können Sie nur durch Training verändern, nicht durch die Gabe von Futterzusätzen. Futter liefert die unterstützende Energie zum Training.

Hat Ihr Pferd einmal Muskulatur aufgebaut, benötigt es weiterhin genügend Futter und Energie, um diese erhalten zu können. Wir haben schon »Beschwerden« von Reitstallbesitzern erhalten, da die Pferde mehr Futter benötigen, seit sie Equikinetic machen. Schlecht für den Reitstallbesitzer, gut fürs Pferd.

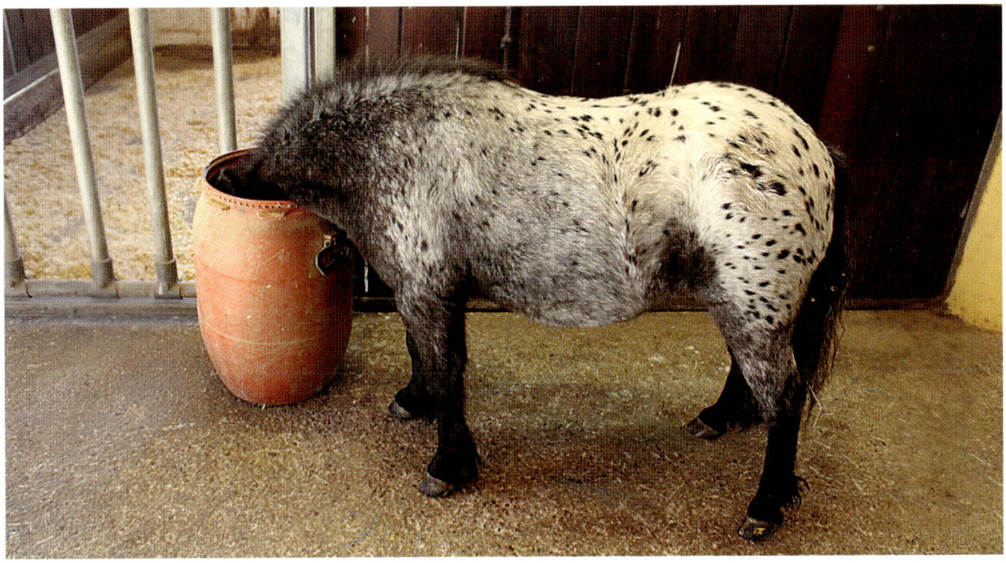

Leichtfuttrige Rassen, sofern diese gesund sind, benötigen in der Regel zu einer ausreichender Raufutterversorgung keine Extraportion Kraftfutter.

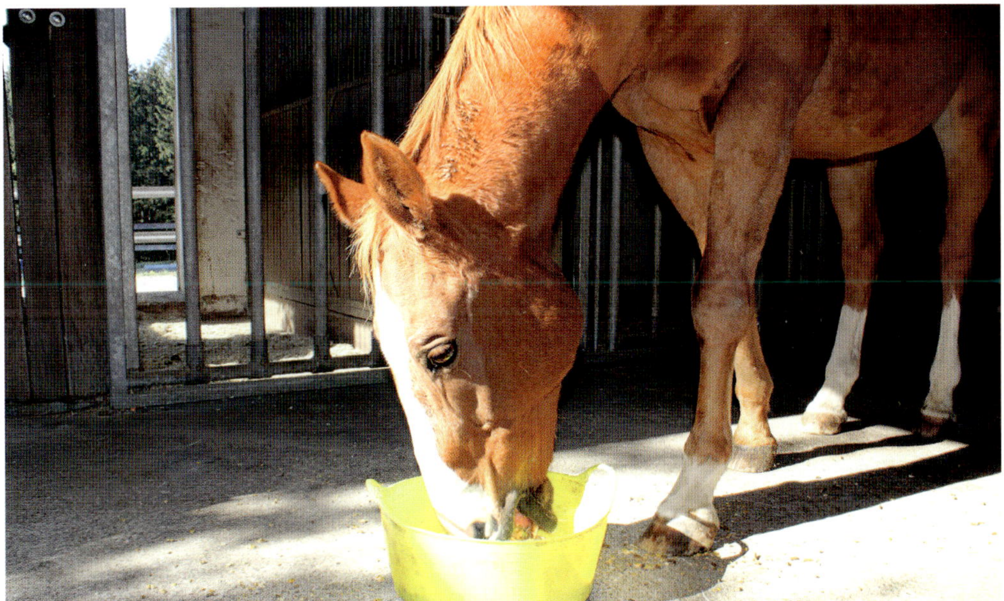

Bei mageren, kranken oder alten Pferden sowie schlechten Futterverwertern ist das Reichen von Zusatzfutter möglicherweise sinnvoll.

Muskelkoordination

Intermuskuläre Koordination – Teamwork

Bei jeglicher Art von Bewegung arbeiten Muskeln zusammen. Ein Muskel benötigt, um sich aktiv zusammenziehen zu können, einen Gegenspieler. Verkürzt sich ein Muskel, um ein Gelenk zu beugen, muss ein anderer dazu gedehnt werden. Dieses gezielte Zusammenspiel der Bewegungsabläufe nennt man intermuskuläre Koordination.
Der kontrahierende Muskel wird dabei als Agonist und sein Gegenspieler als Antagonist bezeichnet. Ist etwa der Bizeps der Agonist, um das Ellenbogengelenk zu beugen, wird der Trizeps zum Antagonisten. Je besser die Abstimmung zwischen Agonist und Antagonist ist, desto geringer ist der Energieverbrauch.

Daher sollten sich beide Muskeln im Gleichgewicht befinden, also beide gleichermaßen beansprucht werden. Befindet sich dieses System im Ungleichgewicht, spricht man von muskulärer Dysbalance.
Dieses Ungleichgewicht kann Schmerzen oder Fehlbelastungen von Gelenken zur Folge haben und sich auf die gesamte Körperstatik negativ auswirken.

Intramuskuläre Koordination

Bei der intramuskulären Koordination geht es um das Zusammenwirken zwischen Nerven und Muskeln, während ein bestimmter Bewegungsablauf ausgeführt wird.

Durch ausgesandte Reize aus dem Gehirn und Wiederholungen im Training ist der Muskel in der Lage, immer mehr Fasern in diesen Bewegungsablauf einzubinden und verstärkt sich dadurch. Um eine optimale Kraftentwicklung zu erzielen, müssen also möglichst viele Muskelfasern aktiviert werden. Es geht darum, die Leistung des Muskels, also dessen Stärke, zu trainieren. Eine gesteigerte intramuskuläre Koordination verbessert seine Leistungsfähigkeit.

Muskeldurchblutung

Blut hat unter anderem die Aufgabe, den Muskel mit Sauerstoff und Nährstoffen zu versorgen, zudem transportiert es Schadstoffe wieder aus den Muskeln heraus, die vom Organismus dann entsorgt werden. Für den Sauerstofftransport ist das Hämoglobin (Bestandteil roter Blutkörperchen) verantwortlich. Ein Eiweißkomplex, der etwa in der Lunge den Sauerstoff an sich bindet, durch die Adern transportiert und ihn dann an die Muskulatur abgibt.

Um einen Muskel optimal zu durchbluten, ihn mit Sauerstoff zu versorgen und somit seine Leistungsfähigkeit und sein Wachstum anzuregen, spielen vor allem die Sauerstofftransportkapazität des Blutes, eine gute Muskel-

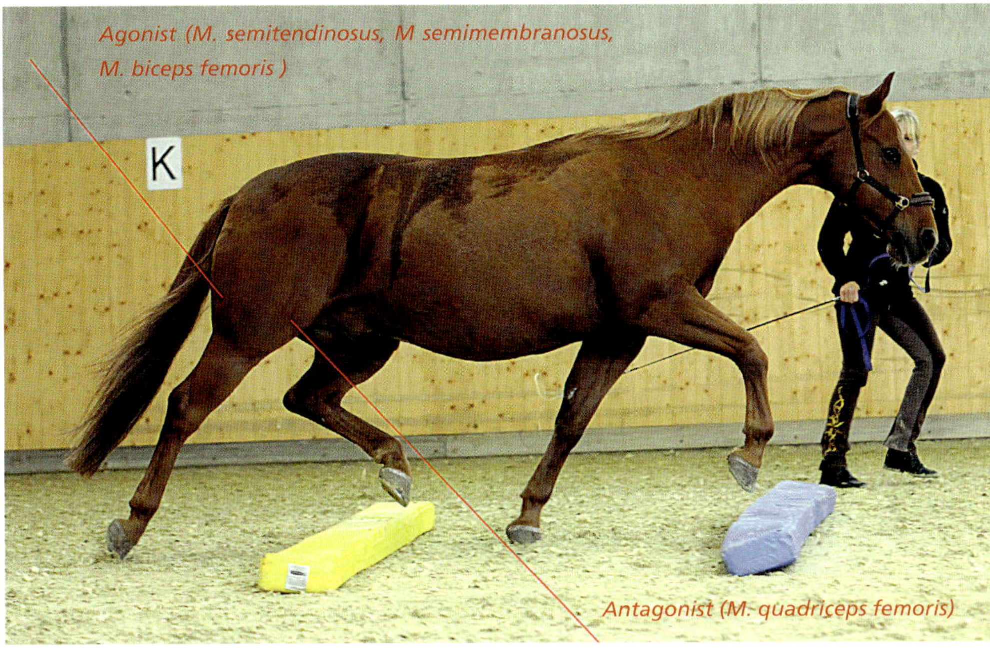

Intermuskuläre Koordination:
Jeder Muskel braucht einen Gegenspieler. Um das Hinterbein nach hinten zu führen spannen sich die langen Sitzbeinmuskeln an und der M. Quadriceps entspannt sich.

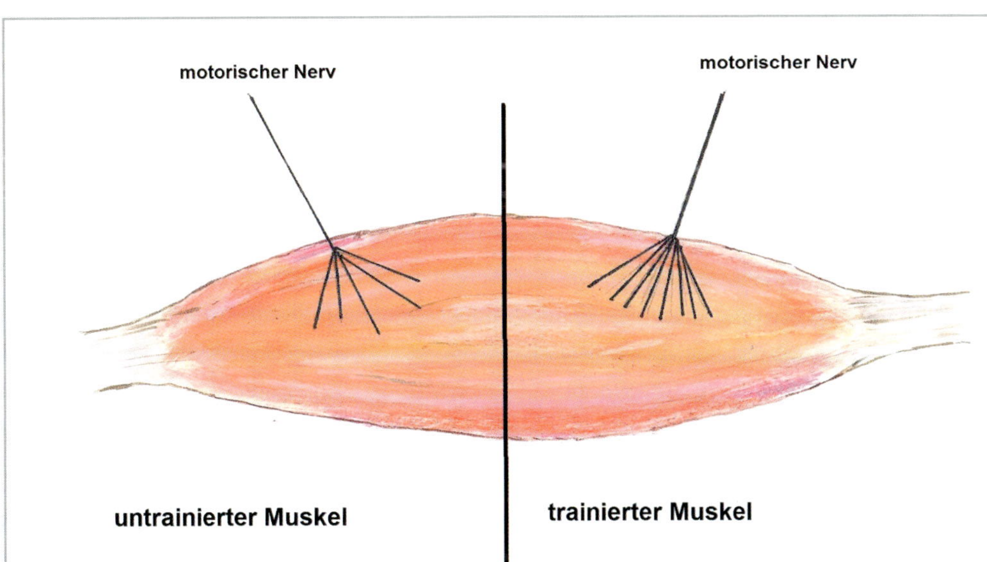

Intramuskuläre Koordination

durchblutung und die Sauerstoffausnutzung im arbeitenden Muskel eine Rolle.
Das Pferd ist in der Lage, Hämoglobin in roten Blutkörperchen der Milz zu speichern. Benötigt das Pferd unter Belastung mehr Sauerstoff, gibt die Milz diese Blutkörperchen frei und kann so deren Konzentration gegenüber dem Ruhezustand und somit die Sauerstoffkonzentration im Blut um bis zu 60 % steigern.

Durch die abwechselnde Kontraktion und Erschlaffung des Muskels wird dessen Durchblutung angeregt. Der arbeitende Muskel wird also stärker durchblutet und kann mehr Sauerstoff aufnehmen, um leistungsfähiger zu sein. Ein stark arbeitender Pferdemuskel steigert seine Durchblutung um das 70- bis 76-fache. Die Sauerstoffaufnahme des Pferdemuskels ist etwa doppelt so hoch wie die des menschlichen Muskels und höher als bei anderen untersuchten Tieren.

WISSENSWERTES

***Jeder Muskel** wird von Nerven und feinen Blutgefäßen, den Kapillaren, versorgt. Diese feinsten Arterien dringen durch das Bindegewebe in den Muskel ein und verzweigen sich zu einem Kapillarnetz. Ähnlich sprießen auch feinst verzweigte Nervenfasern in die Muskulatur ein. Einen Nerv, der an eine Muskelfaser angeschlossen ist, nennt man motorische Einheit.*

Energieverbrennung

Muskeln benötigen Treibstoff, um sich zu erhalten, leistungsfähig zu bleiben und sich aufzubauen. Dieser Treibstoff wird in Form von Kohlehydraten, Fetten und Eiweißen geliefert. Das Blut transportiert die Nährstoffe zu den Muskelzellen.

Bausteine in diesen Zellen, die Mitochondrien, verbrennen diese Nährstoffe. Die bei der Verbrennung freigewordene Energie speichert ein Molekül, das ATP (Adenosintriphosphat). Kontrahiert der Muskel, also zieht er sich zusammen, gibt ATP seine Energie an die Muskelfibrillen ab.

Der Muskel steht unter einer gewissen Spannung, die man Muskeltonus nennt. Eine wichtige Funktion der Muskeln ist, neben der Fortbewegung, den Pferdekörper aufrecht zu halten, ohne dass sich das Pferd merklich anstrengen muss. Schläft das Pferd, ohne irgendwelche Muskeln zu bewegen, benötigen die Muskeln zwar wenig, aber dennoch Energie, um eine gewisse Körperspannung zu halten.

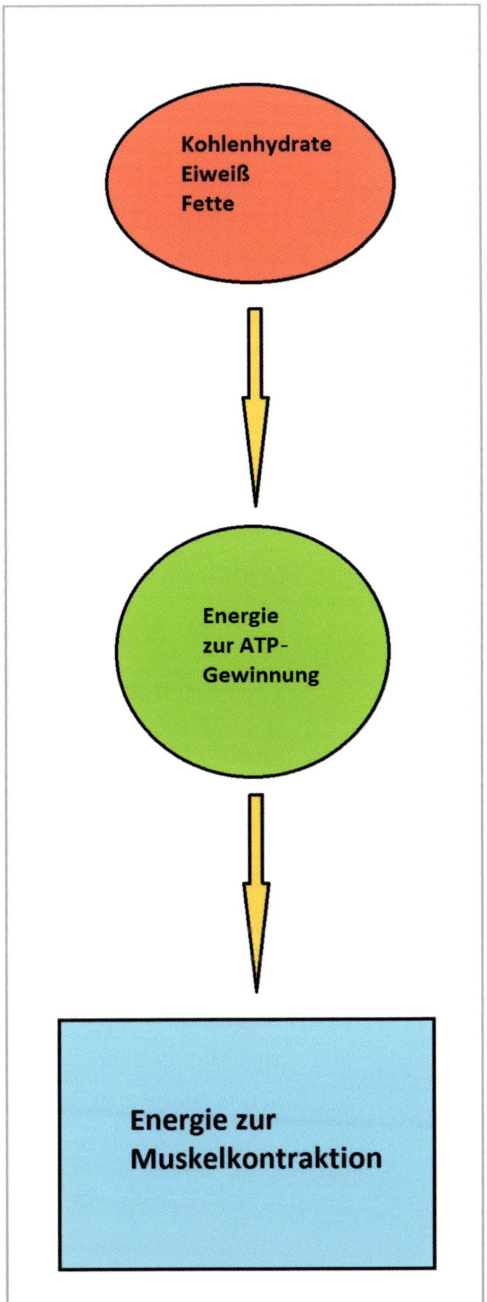

Um kontrahieren zu können, benötigt der Muskel Energie, diese wird in Form von ATP geliefert.

Nach einer Trainingseinheit benötigen die beanspruchten Muskeln mehr Energie als die nicht beanspruchten. Sie benötigen diese Energie zur Regeneration, um sich schnell der neuen Belastung anzupassen.

Der Wärmetest

Durch den Energieumsatz der Skelettmuskulatur wird Wärme erzeugt. Diese Wärmeenergie wird benötigt, um die Muskeln kontrahieren zu lassen. Nur etwa ein Viertel der erzeugten Energie wird als mechanische Energie in der Muskelarbeit eingesetzt. Der Rest geht als Körperwärme »verloren«.

Diese allerdings können wir fühlen. Muskelpartien, die gearbeitet haben, in denen somit eine Energieverbrennung stattgefunden hat, erzeugen Wärme. Streichen wir mit dem Handrücken über die Oberlinie, beginnend am Widerrist, sollte diese bis runter zur Hinterhand gleichmäßig erwärmt sein.

Auch die Bauchpartie erscheint gleichmäßig warm. Manchmal sind Unterschiede zwischen den Partien festzustellen. Einige Stellen sind wärmer als andere. Hier musste das Pferd mehr Energie aufwenden, diese Muskelpartien mussten härter arbeiten als andere. An den kühleren Stellen kam die Muskulatur weniger zum Einsatz. Ein gut koordiniertes Pferd ist nach einer Equikinetic-Einheit gleichmäßig durchgewärmt.

Um den Wärmetest durchzuführen, streichen Sie das Pferd mit Ihren Händen von hinten nach vorne ab. Die Muskelgruppen können unterschiedlich warm sein.

WÄRMETEST

***Führen Sie den Wärmetest** bitte unmittelbar nach einer Equikinetic-Einheit durch. Warten Sie damit zu lange, breitet sich die Wärme über den gesamten Pferdekörper aus. Dadurch kann kein Wärmeunterschied mehr zwischen den Muskelpartien festgestellt werden.*

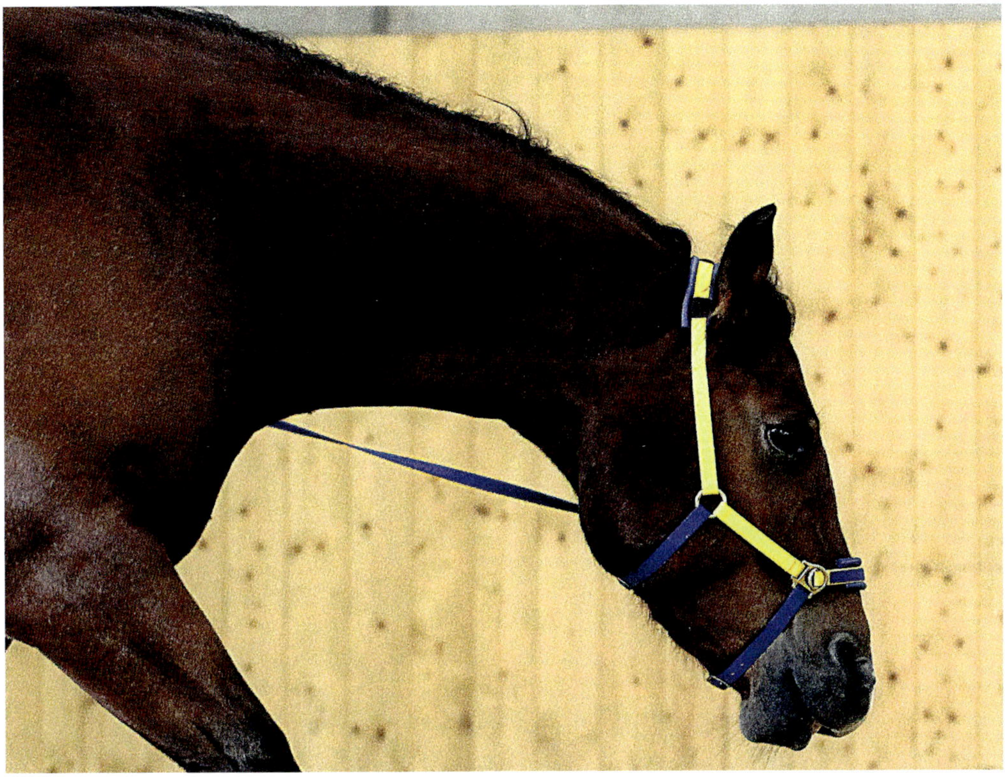

Die Tragemuskulatur und das Nackenrückenband

Das Nackenband

Der Nackenstrang, ein kräftiges, elastisches Faserbündel, entspringt dem Hinterhauptbein und läuft über die ersten zwei Halswirbel Atlas und Axis.

Auf Höhe des zweiten Halswirbels entspringt die sehnige Nackenplatte, welche sich ab dem dritten Halswirbel mit dem Nackenstrang zum Nackenband vereint. Der unpaarige Anteil der Nackenplatte verläuft vom 5. bis 7. Halswirbel in einigen Faserbündeln an den ersten Brustwirbel, während der Hauptanteil unter dem 2. bis 6. Brustwirbel in Höhe der Dornfortsätze endet. Beide, Nackenstrang und Nackenplatte, setzen sich gemeinsam im Rückenband fort.

Das Rückenband

Das Rückenband ist die Fortsetzung des Nackenbandes. Es beginnt am 3. bzw. 4. Brustwirbel und verläuft über die Knorpelkappen der Dornfortsätze, über die Lendenwirbelfortsätze bis zu den Kreuzbeindornfortsätzen.

Anfangs ist das Rückenband im Brustwirbelbereich elastisch, später weist es eine sehnige Struktur auf. In Dehnungshaltung spannt sich das Nacken- und Rückenband an. Durch die Spannung, die dabei entsteht, werden die Wirbel aufgestellt und helfen somit, den Rücken anzuheben.

WISSENSWERTES

***Der Zug des Nackenbandes,** das die vorderen Wirbel auseinanderzieht und spannt, und das Rückenband, das Zug auf die Dornfortsätze der Wirbelsäule bringt, helfen den Rücken anzuheben, (spannen passiv den Bandapparat), sodass die darunterliegende Muskulatur »frei« arbeiten darf.*

Die Halsmuskulatur

Eine gut ausgebildete Halsmuskulatur trägt maßgeblich dazu bei, das Reitergewicht zu tragen.

Die unter dem Nackenband und über den Halswirbeln gelegene Muskulatur muss gut ausgebildet sein, damit der Rücken des Pferdes angehoben werden kann.

Gut ausgebildete Halsmuskulatur.

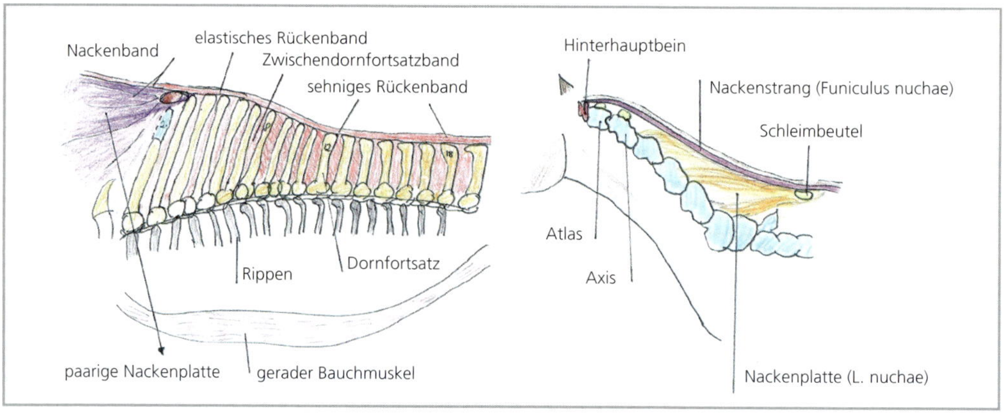

Das Bandsystem und die Halsmuskulatur unterstützen das Pferd dabei, den Reiter zu tragen.

Der Zug an diesen Muskeln wird größer, wenn das Pferd den Kopf senkt. Anfangs wird die Oberhalsmuskulatur noch vom Nackenband passiv unterstützt, den Rücken zu wölben. Je besser die Oberhalsmuskulatur ausgebildet ist, desto weniger muss das Nackenband dazu beitragen.

Muskulatur der Vorhand

Die Aufgabe der Vorhand ist es unter anderem zu tragen, auszubalancieren und Bewegungen federnd abzufangen. Zwischen Rumpf und Vorhand gibt es keine knöcherne Verbindung. Der Rumpf hängt wie in Seilen an Muskeln, Sehnen und Bändern zwischen den Schulterblättern. Die sogenannten thorakalen Muskelschlingen halten u.a. den Rumpf dort fest. Ca. 60 % des Gewichtes lasten immer auf der Vorhand. Bei einem gut trainierten Pferd kommt optisch der Widerrist nach oben. Das passiert, wenn diese Muskelschlingen trainiert werden. Sie kräftigen die Vorhand und das Pferd hängt nicht wie ein »Frosch in den Seilen«.

Das Pferd ist im Schulterbereich besonders biegsam und ermöglicht der Vorhand, sich auf die Kreislinie einzustellen.

Dadurch ist die Vorhand in der Lage, Stöße abzufangen und Erschütterungen abzudämpfen. Je deutlicher die Muskulatur der Vorhand ausgeprägt ist, umso besser kann sie dieser Aufgabe nachkommen.

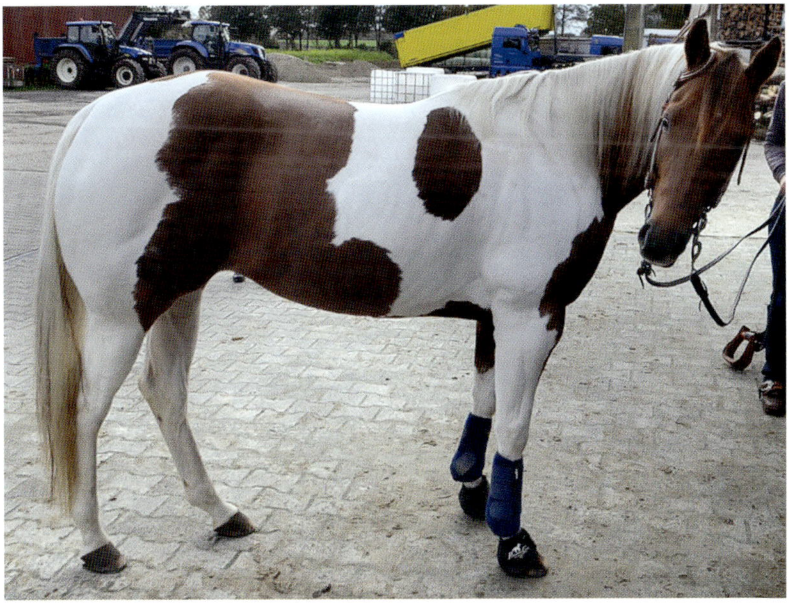

Die Muskulatur der Vorhand.

Die Rückenmuskulatur

Longissimus dorsi, der lange Rückenmuskel, verläuft paarweise links und rechts der Wirbelsäule. Der lange Rückenmuskel ist ein reiner Bewegungsmuskel und leistet keine Haltearbeit. Bewegt sich das Pferd, werden die Rückenmuskeln im Wechsel angespannt und entspannt. Schön zu sehen ist das im Schritt. Der Kopf des Pferdes bewegt sich dabei leicht von links nach rechts mit einer leichten Nickbewegung. Im angespannten Zustand kippt er das Becken nach vorne.

Zu diesen Bewegungen des Muskels muss das Pferd in der Lage sein, um ihm einen schwingenden Rücken zu ermöglichen. Zudem können Störungen in der Längsbiegung auftreten. Werden beide Seiten des langen Rückenmuskels angespannt, ist das Pferd in der Lage, den Rumpf zu heben, etwa zum Überwinden eines Sprunges oder wenn es steigt.

Der breite Rückenmuskel (M. latissimus dorsi) hat am 3./4. Brustwirbel seinen Ursprung. Er wird bis zum 10. Brustwirbel vom Rumpfteil des Trapezius bedeckt. Den breiten Rückenmuskel bezeichnet man zudem als Atemhilfsmuskel. Bei starker Atmung, etwa im Training, hilft er dabei, die Rippen zu dehnen, um der Lunge mehr »Platz« zu verschaffen.

Zudem gibt es zwischen den Wirbeln der Wirbelsäule noch kleinere Muskeln. Diese »Zwischenquerfortsatzmuskeln« verlaufen zwischen den Wirbeln und dienen der Feinsteuerung und Stabilisation der Wirbelsäule.

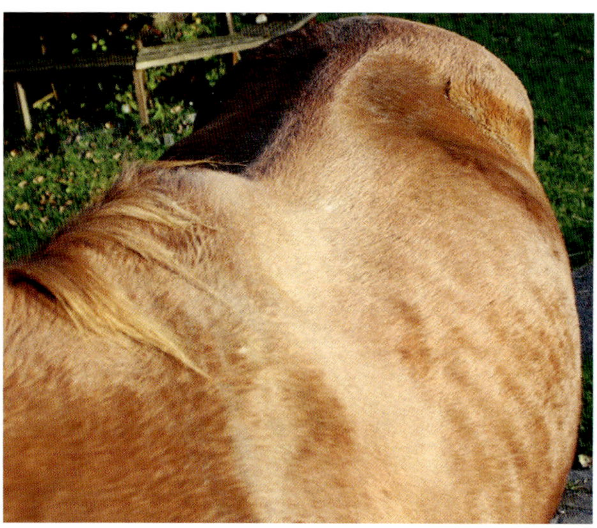

Dieses Pferd hat einen schlecht bemuskelten Rücken.

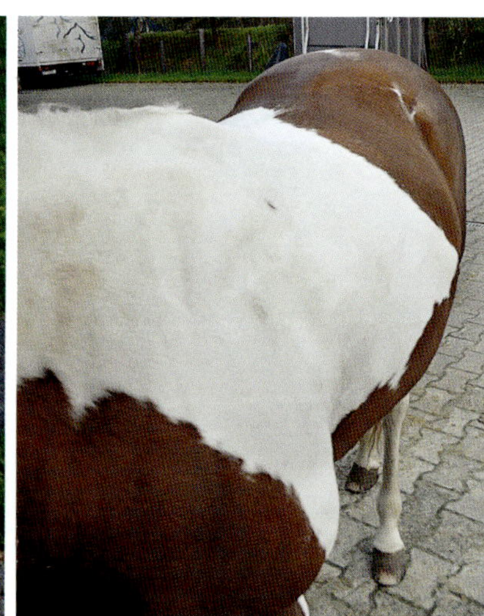

Bei diesem Schecken ist die Rückenmuskulatur gut ausgebildet.

Verspannt sich diese Muskulatur, rücken die Wirbelgelenke näher aneinander, die Wirbelsäule verengt sich und wird unbeweglicher.

Funktioniert irgendetwas mit diesem Tragesystem der oberen Muskulatur nicht, fährt der lange Rückenmuskel ein Notprogramm und verspannt sich. Eigentlich sollte er schwingen und sich frei bewegen dürfen. Verspannt sich ein Teil der oberen Muskulatur und die Muskelketten können nicht mehr zusammenarbeiten, ist ein schwingender Rücken nicht möglich.

WISSENSWERTES

***Der lange Rückenmuskel** ist nicht dazu prädestiniert, um auf ihm zu sitzen. Als reiner Bewegungsmuskel muss er frei unter dem Reiter arbeiten dürfen.*

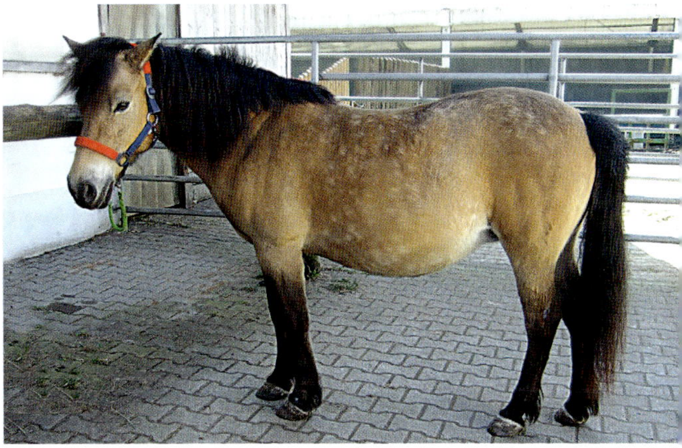

Ohne Bauchmuskulatur fällt es dem Pferd schwer, den Rücken aufzuwölben.

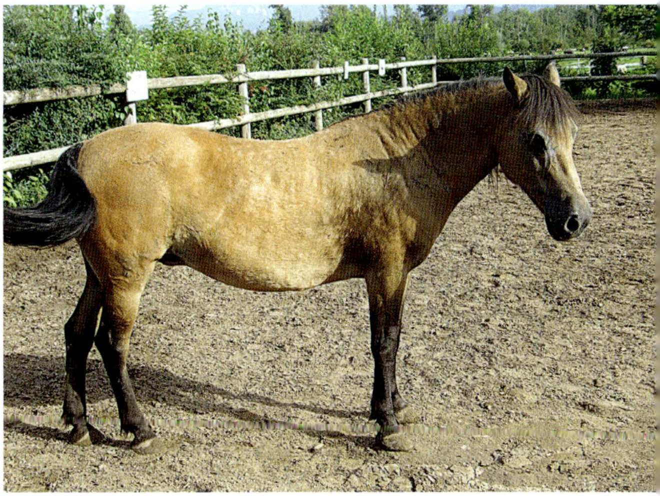

Nach fünfmonatigem Training in der Equikinetic sieht man die Veränderungen deutlich. Das Pferd hat mittlerweile ausreichend Bauchmuskulatur und eine sportliche Figur.

Die Bauchmuskulatur

Die Bauchmuskeln verlaufen vom Brust- zum Schambein. Sie dienen unter anderem der unteren Verspannung des Rumpfes und wirken dem Abkippen des Beckens nach vorne entgegen. Dadurch ist das Pferd in der Lage, mit dem Hinterbein weiter nach vorne unterzutreten. Bei wenig bzw. schwacher Bauchmuskulatur oder zu hohem Tempo, kann die Bauchmuskulatur der oberen Verspannung nicht mehr entgegenwirken. Die Folge: Das Pferd läuft nach hinten hinaus bzw. der Rücken hängt durch.

Um den Rücken anzuheben, benötigt das Pferd die Bauchmuskulatur als Gegenspieler der Rückenmuskulatur. Mit einer schwachen Bauchmuskulatur ist es dem Pferd nicht möglich, den Rücken aufzuwölben.

Das Gewicht des Reiters wird zwar vorwiegend von Bändern und der Wirbelsäule getragen, eine starke Bauchmuskulatur ist aber unbedingt notwendig, um ein Durchhängen der Wirbelsäule zu verhindern.

Die Hinterhandmuskulatur

Die Kraft kommt aus der Hinterhand! Die Hinterhand bewegt das ganze Pferd vorwärts. Im Skelett findet die Bewegung über die Hintergliedmaßen und das Becken statt. Das Becken ist über das Iliosakralgelenk mit der Wirbelsäule verbunden. Kräftige Muskeln der Hinterhand sorgen dafür, dass der Rücken aufgewölbt wird. Die Dornfortsätze der Wirbelsäule werden durch die Bewegung der Hinterhand auseinandergezogen,

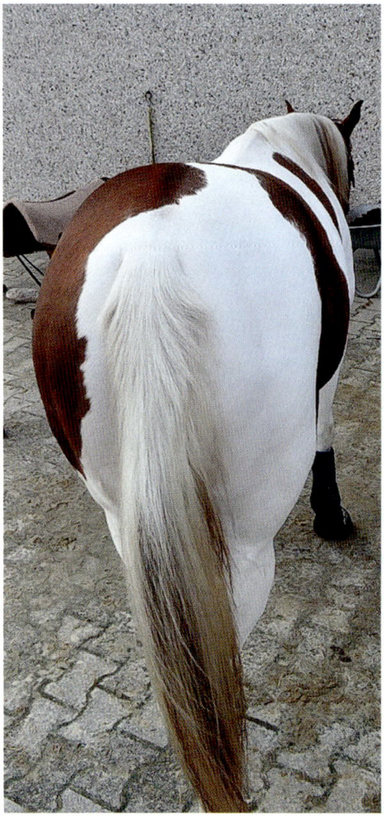

Gut bemuskelte Hinterhand.

Deutliches Muskeldefizit der Hinterhand.

da sie das Rückenband anspannen. Dies ermöglicht es dem Pferd, sich schwungvoll und unter Spannung zu bewegen. Das ist die Voraussetzung für die spätere Hankenbeugung und somit für die Versammlung.

Longieren wir ein Pferd in der Equikinetic, achten wir auf eine aktive Hinterhand, das Beugen der Hinterbeine und die Schrittlänge. Die Pferde laufen nicht nach hinten hinaus. Die Beine sollten nicht steif auffußen, sondern das jeweilige Hinterbein sollte das Gewicht dynamisch abfedern. Das kostet Kraft. Viel Kraft. Dazu sind gute Muskeln unabdingbar. Um die Gelenke zu beugen und das Becken zu senken sind andere Muskeln nötig als für die Schrittweite. Eine größere Schrittweite zu erzielen, während die Hanken gebeugt sind, kostet das Pferd ebenfalls Kraft und dazu benötigt es die entsprechende Muskulatur.

Die Versammlung geht auf Kosten der Schrittweite, je mehr die Hanken gebeugt sind, desto kürzer werden die Schritte.

Auch die Schrittlänge, also die Aktivität der Hinterhand, wird maßgeblich von einer gut bemuskelten Hinterhand beeinflusst. Die Schrittlänge wird nicht nur vom Exterieur eines Pferdes bestimmt, es kommt auch darauf an, wie gut dessen Hinterhand bemuskelt ist, damit die Hinterbeine aktiv nach vorne treten können.

WISSENSWERTES

***Läuft das Pferd »nach oben«** oder laufen die Hinterbeine nach hinten hinaus, ist die Hinterhand nicht aktiv und das Pferd geht auf der Vorhand. Oft kann man das sogar hören, es trampelt regelrecht. Die Energie der Hinterbeine läuft in den Boden, die Vorwärtstendenz geht verloren und kann den Rücken nicht zum viel beschworenen Schwingen bringen. Die Muskelketten arbeiten nur adynamisch zusammen. Untertreten ist eine Kraftsache. Um aktiv unter den Schwerpunkt treten zu können, muss die Muskulatur der Hinterhand gut ausgebildet sein.*

Obere/untere Verspannung

Befindet sich ein Pferd in der dynamischen Bewegung, arbeitet nie ein einzelner Muskel alleine, es werden immer zusammenhängende Muskelgruppen bewegt.

Die »obere Verspannung« besteht aus einer Muskelgruppe, die oberhalb der Wirbelsäule und hinter der Hüfte liegt. Sie bewirkt die Streckung der Wirbelsäule und der Hüfte, das Senken der Rückenpartie und ist für das Heben von Kopf und Hals zuständig.

Als »untere Verspannung« wird die Muskelkette unterhalb der Wirbelsäule und vor der Hüfte bezeichnet. Sie hilft, den Rücken zu wölben und hat für den Rücken eine unterstützende Funktion.

Grüne Linien: Die Muskelgruppen oberhalb der Wirbelsäule zählen zu der oberen Verspannung, dorsale Muskelkette.

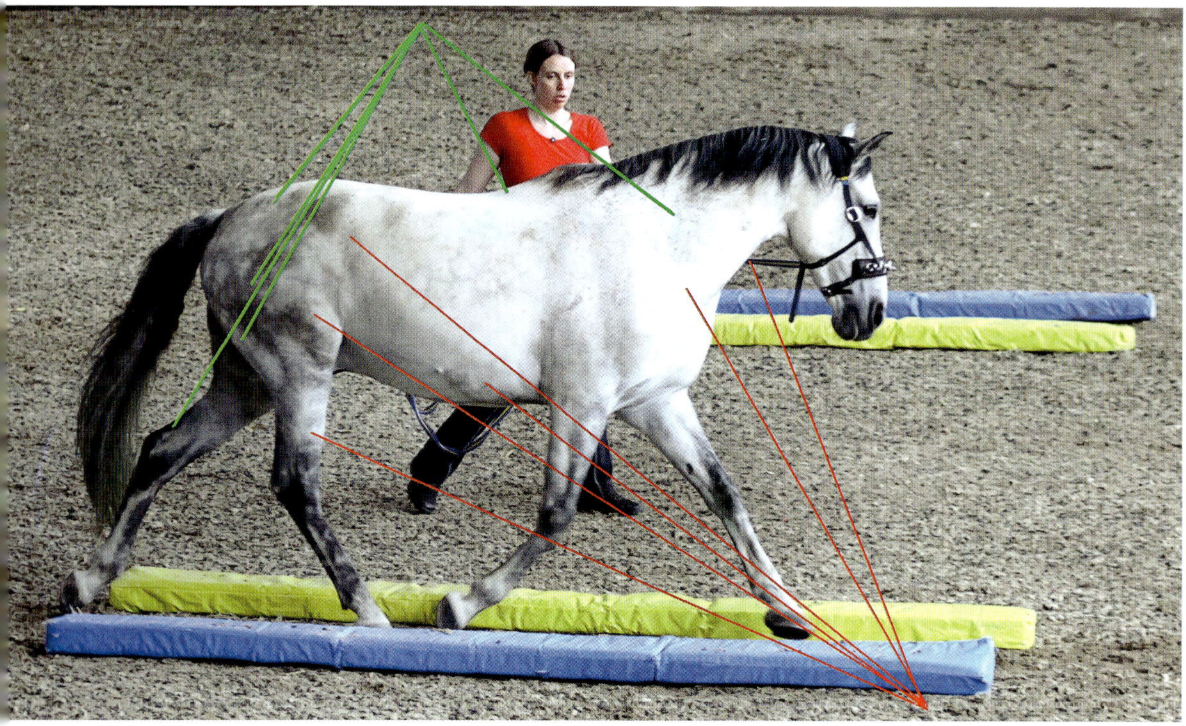

Rote Linien: Die Muskelgruppen unterhalb der Wirbelsäule bezeichnet man als untere Verspannung, ventrale Muskelkette.

Verspannt sich ein Muskel oder treten innerhalb dieser Muskelketten Störungen auf, hat dies Auswirkungen auf die Gesamtdynamik und verhindert ein harmonisches Zusammenspiel der Muskelketten und somit einen korrekten Bewegungsablauf.

Unterbricht man das Zusammenspiel der Muskeln, können die Bewegungen nicht mehr harmonisch durch den Körper fließen. Man stelle sich einen Wasserschlauch vor, der geknickt wird und keinen Wasserdurchfluss mehr erlaubt.

WISSENSWERTES

Wichtig zu wissen ist, *dass die gesamte Muskulatur als Kette arbeitet. Diese Kette kann nicht funktionieren, wenn ein Muskel ausfällt, durch falsche Beanspruchung oder auch mechanische Einwirkung von außen beeinflusst wird oder sich einzelne Muskeln innerhalb der Bewegungskette verspannen.*

Musculi Multifidi

Die M. Multifidi gehören zu der auf der Wirbelsäule aufliegenden Skelettmuskulatur. Sie sind maßgeblich für die Beweglichkeit, aber vor allem auch für eine solide Stabilität der Wirbelsäule und für das Wölben des Rückens zuständig. Sie unterstützen das Rückenband, indem sie Zug auf die einzelnen Wirbel bringen und dabei mithelfen, diese auseinanderzuziehen.
Ein interessanter Versuch im Rahmen einer wissenschaftlichen Untersuchung über die Anpassungsfähigkeit des Muskels und wie sich die Equikinetic auf die Gleichmäßigkeit des Pferdes auswirkt, führte Dr. Marion Thurner, Fachtierärztin für Chiropraktik, durch. Messungen mittels Ultraschall ergaben, dass sich die M. Multifidi nach dreimonatigem Equikinetic-Training deutlich verbesserten. Vor dem Training betrug der Durchmesser der gemessenen Stelle des M. Multifidi an der linken Seite 19 mm, rechts hingegen nur 13 mm. Nach der Equikinetic passte sich die Muskulatur auf der rechten Seite an und man maß ebenfalls 19 mm.

Fehlender Muskelaufbau: Ohne Muskeln kein Pferd

Jedes Pferd sollte gut bemuskelt sein, um die geforderten Leistungen zu erfüllen, egal ob Sportpferd oder Freizeitpferd. Die Einsatzmöglichkeiten unserer Pferde sind vielseitig. In allen möglichen Sparten der Reiterei, sei es nun als Distanz-, Spring-, Dressur-, Kutsch,- Therapie- oder Spazierreitpferd, finden sie ihre Verwendung.

Ein Pferd, das geritten werden soll, braucht dafür entsprechende Muskulatur.

Seien Sie sich im Klaren: Auch wenn Sie mit Ihrem Pferd nur zweimal die Woche eine Stunde locker ins Gelände reiten möchten, muss die Tragemuskulatur ausgebildet und das Pferd geradegerichtet sein. Es ist sonst kaum in der Lage, Sie zu tragen. Das Pferd trägt die Vorhand zunächst über den Unterhals und drückt den Rücken weg – mit dem Gewicht des Reiters obendrauf. Die Hinterhand ist nicht mehr in der Lage, nach vorne zu greifen. Die Muskulatur des Unterhalses übernimmt einen großen Teil der Arbeit, die thorakalen Muskelschlingen hängen schlaff nach unten, die Rückenmuskulatur kann nicht mehr arbeiten, die Bauchmuskeln kommen kaum zum Einsatz, die Hinterhand kann nicht aktiv sein.

Schäden an den Gelenken, verspannte Muskulatur und die daraus resultierenden Folgen sind das Ergebnis von schiefen und falsch bzw. nicht bemuskelten Pferden.
»Die fehlende Muskulatur des Reitpferdes ist ein stiller und langsamer, aber ein sicherer Tod!« *Zitat Horst Becker*

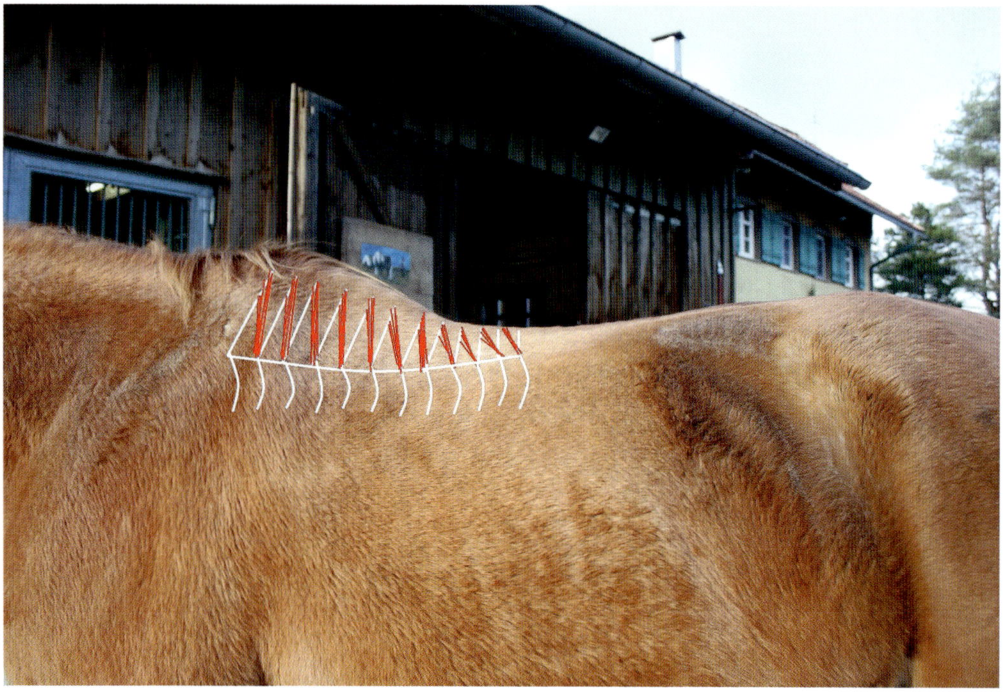

Muskuli Multifidi sind unter anderem für die Stabilität der Wirbelsäule zuständig.

Damit Ihr Vierbeiner Sie tragen und die ihm zugetragene Rolle erfüllen kann und natürlich auch, um gesund zu bleiben, benötigt er eine gute Grundmuskulatur.

Oft aber haben Pferde muskuläre Defizite. Die Hinterhand dürfte deutlich ausgeprägter sein, um Schub- und Tragkraft zu leisten. Die Rückenmuskulatur sollte nicht optisch 10 cm unter der Wirbelsäule liegen, der Kugelbauch sollte gegen eine ausgeprägte Bauchmuskulatur eingetauscht werden, um das Wölben des Rückens zu unterstützen. Die Halsmuskulatur des Pferdes lässt sowieso häufig zu wünschen übrig.

Equikinetic trainiert die Gesamtmuskulatur des Pferdes. Das Pferd wird geradegerichtet und kann dadurch die Muskulatur aufbauen, die es braucht. Die Muskelketten des Pferdes müssen zusammenarbeiten dürfen. Wird auch nur ein Muskel daran gehindert, frei arbeiten zu können, kann das negative Auswirkungen auf die Gesamtmuskulatur des Pferdes haben.

Das harmonische Zusammenspiel der Muskeln macht es möglich, alle Muskeln so aufzubauen, dass das Pferd kräftig genug ist, einen Reiter zu tragen und dass die Freude an der Bewegung erhalten bleibt.

Nach Krankheit verlor dieser ältere Schimmel stark an Muskelmasse.

Natürlich wünscht sich jeder Pferdebesitzer, dass sein Pferd eine kräftige, gut bemuskelte Hinterhand hat, aber diese kann nur so gut in Form sein, wie der Rest der Muskulatur auch.

Muskelverspannungen

Muskelverspannungen resultieren meistens aus einer Fehlbeanspruchung oder einer Fehlhaltung der betroffenen Partien. Durch die Dauerbelastung kommt es zu einem lokalen Sauerstoffmangel und somit zu einer Stoffwechselstörung im betroffenen Muskel. Das Muskelgewebe beginnt sich zu verhärten, was sehr schmerzhaft sein kann. Bei chronischen Verspannungen kann der Muskel sogar an Gewebe abbauen und atrophieren.

Ist es einem Pferd nicht möglich, sich anatomisch korrekt zu bewegen und den Rücken aufzuwölben, wird der lange Rückenmuskel (siehe Abschnitt: Die Rückenmuskulatur) schmerzhaft verkrampft. Zur Vermeidung dieser Schmerzen werden Muskelpartien belastet, die den Rückenmuskel schonen sollen. Das Pferd geht in eine Schonhaltung (trägt beispielsweise den Kopf weit oben oder drückt den Rücken weg). Durch diese Schonhaltung wird jetzt wiederum die Muskelgruppe verspannt, die eigentlich den Rückenmuskel entlasten sollte. Ändert man nichts, entsteht ein Teufelskreis. Das Spannungsverhältnis der einzelnen Muskelgruppen wird gestört und es entsteht eine muskuläre Dysbalance.

Es können sich jedoch nicht nur die großen Muskeln verspannen. Funktioniert eine Muskelpartie nicht, kann man das mit einem kleinen Zahnrädchen eines Uhrwerks vergleichen. Um »rund« zu laufen, greifen die kleinen Zahnrädchen in die großen, funktioniert ein kleines nicht, drehen sich auch die großen Räder unregelmäßig.

Equikinetic verhindert solche muskulären Probleme, da die Muskelketten des Pferdes zusammenarbeiten müssen und Reize zum Muskelwachstum gesetzt werden. Ein verspanntes Pferd ist stark in seiner Beweglichkeit eingeschränkt und neben den Schmerzen, die es hat, in seiner Fluchtfähigkeit begrenzt. Oftmals hat das dann noch Widersetzlichkeiten zur Folge, was eigentlich, hat man das Prinzip verstanden, niemanden wundern dürfte.

Auf diesem Bild entzieht sich das Pferd der Stellung. »Kopf hoch – Rücken weg« führt jedoch auf Dauer zu Muskelverspannungen, auch wenn es nicht so dramatisch sein sollte, wie auf diesem Bild dargestellt wird.

Kapitel 3

Die Equikinetic bei dicken Pferden, bei Pferden mit unterschiedlichen Erkrankungen und im Alter

Ran an den Speck – Fit mit Muskeln

Durch die Vermehrung der Muskelmasse steigert sich der Energieumsatz. Können Sie sich vorstellen, dass ein 500 kg-Pferd, bei dem der Fettanteil höher ist, weniger Energie verbraucht als ein gut bemuskeltes 500 kg-Pferd? Das heißt, ein Pferd, das mehr Muskeln hat, braucht auch mehr Futter. Ein gut bemuskeltes Pferd hat einen höheren Energieverbrauch, denn Muskeln brauchen Nahrung! Selbst im Ruhezustand, das heißt, wenn Ihr Pferd schläft, verbrauchen Muskeln mehr Energie als Fett.

Ihr Pferd ist zu dick und muss dringend abnehmen? Equikinetic hilft Ihnen dabei. Muskeln haben einen anderen Stoffwechsel als Fett. Muskelaufbau ist der Königsweg zu einem schlanken Pferd und somit zu einem gesünderen und hoffentlich längeren Leben.

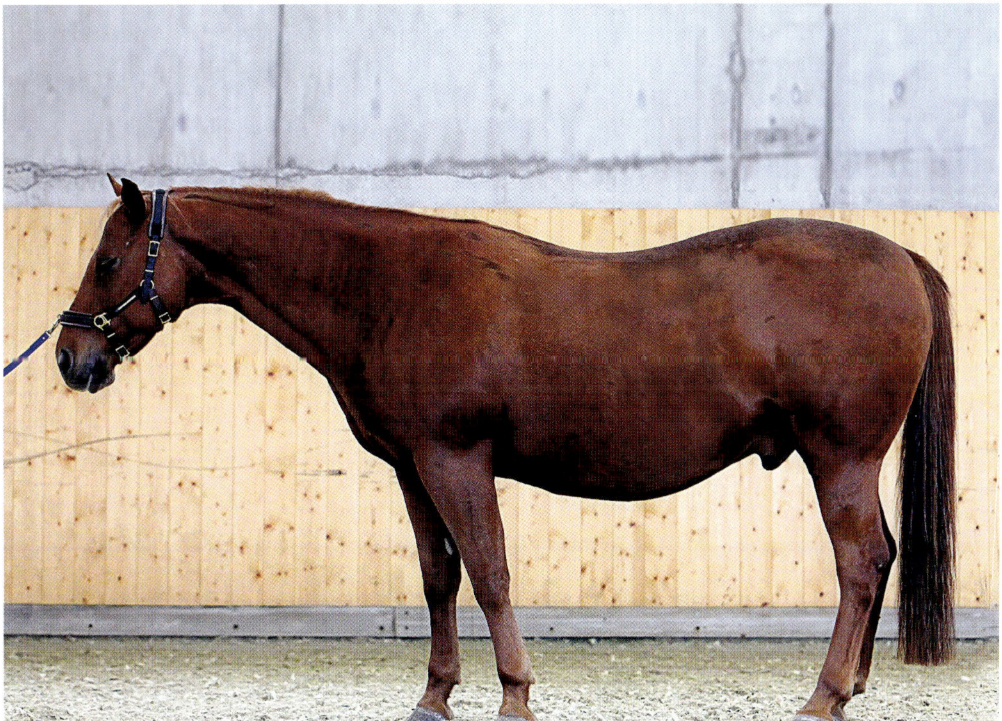

Langfristig kann Übergewicht zu ernsthaften gesundheitlichen Schäden führen.

Das Pferd ist ein Dauerfresser, darauf ist sein Verdauungssystem abgestimmt. Allerdings liefert die heutige Fütterung viel zu viele Kalorien als das strohige, nährstoffarme Steppengras. Dafür mussten sich die Pferde auch anstrengen, um genügend davon aufzunehmen. Zwei Drittel ihres Tagesablaufes waren Pferde damit beschäftigt, Nahrung zu suchen, damit die Nährstoffversorgung gesichert war. Zwischendurch kam der Puma und sorgte für etwas Extra-Bewegung.

Die Ursachen von Übergewicht sind klar: zu viel Futter und zu wenig Bewegung. Kurz und deutlich: zu gut gemeint, fett gefüttert und ruhiggestellt. Kraftfutter, »fettes« Hochleistungsgras und Heu stehen auf dem gehaltvollen Speiseplan. Da das Verdauungssystem darauf angewiesen ist, ständig Nachschub zu bekommen, ist es nicht einfach, alles richtig zu machen.

Bringen wir es auf den Punkt: Pferde, die mehr Energie aufnehmen, als sie verbrauchen, werden dick. Dabei spiel die Rasse noch eine gewisse Rolle. Robustrassen etwa sagt man nach, dass sie die Energie besser verwerten.

Es ist nicht nur unschön, wenn Pferde zu fett sind, das zu hohe Gewicht kann eine ganze Reihe von Krankheiten, sogenannte Wohlstandskrankheiten, zur Folge haben. Neben Gelenkproblemen, Überlastung des Bewegungsapparates und Herz-Kreislaufproblemen, kommt es zu Stoffwechselerkrankungen, wie dem Equinen Metabolischen Syndrom oder der Hufrehe.

Leider reagieren Pferdehalter zu dicker Pferde oft kontraproduktiv, indem sie die Nahrungsaufnahme drastisch reduzieren und dabei den Aspekt Bewegung vernachlässigen. Dem Pferdebesitzer fehlen häufig zwei entscheidende Faktoren, die dem Pferd beim Abnehmen helfen würden: Zeit und Know-how.

Beim Abspecken steht eindeutig die Futterreduzierung im Vordergrund. Dies gipfelt darin, dass das Pferd, um wenigstens noch auf die Koppel zu können, eine Fressbremse aufgesetzt bekommt. Verzweifelte Pferde versuchen, durch ein dünnes Loch noch einen einzelnen Grashalm zu erwischen. Nicht fressen zu dürfen muss auch bei dem mental stabilsten Pferd früher oder später zu »Depressionen« führen.

Durch alleiniges Reduzieren der Futtermenge wird das Pferd nicht nur fett, sondern in erster Linie Muskulatur abbauen. Genau diese braucht das Pferd aber, um dauerhaft schlank und gesund zu bleiben.

Zunächst haben übergewichtige Pferde vor allem ein Leistungsproblem. Sie schleppen das überflüssige Fett mit sich herum. Da das anstrengend ist, werden sie faul und träge. Dicke Pferde schwitzen schneller und es geht ihnen schneller die »Puste« aus, das heißt, das Herz-Kreislauf-System wird schon bei kleineren Aufgaben überanstrengt. Der Supergau, der dem Pferd droht, ist neben den diversen Gelenkserkrankungen dann das EMS (siehe Abschnitt: Equines Metabolisches Syndrom).

Robuste Rassen sind besonders bedroht, allerdings schützt auch den Vollblüter seine Herkunft nicht davor zu verfetten.

Wie wir unsere Pferde füttern sollten, was wir ihnen zu fressen geben, ist die eine Sache. Es gibt einige Grundprinzipien, die unumgänglich sind, wie etwa dem Pferd genügend Raufutter zur Verfügung zu stellen. Dass das Pferd aber auch die Kalorien, die es aufnimmt, in Muskulatur umwandeln sollte, ist die andere Sache. Der wichtige Muskelaufbau dabei wird aber leider zu häufig vernachlässigt.

Equikinetic ist das Bewegungsprogramm, das genau da ansetzt. Es wird Ihr Pferd nicht wie einen bemuskelten »Superstar« dastehen lassen, aber ihm helfen, seine Fettpölsterchen abzubauen und dafür sorgen, dass Muskulatur aufgebaut wird.

***Das Motto lautet:** Training statt Fressbremse. Ihr Pferd bekommt wieder mehr Lebensqualität und das Risiko, krank zu werden, wird geringer.*

Ein gut durchdachter Futterplan sowie ausreichender Muskelaufbau halten Pferde fit und ersparen ihnen den Maulkorb.

Leider haben Pferde keine Motivation abzunehmen, wie wir sie haben. Ihr Pferd wird am 15. März nicht in der Box stehen, nach hinten zum Bauch schauen und denken: »So kann ich aber auf keinen Fall rausgehen. Ich muss jetzt unbedingt abnehmen.« Ob es eine Bikinifigur hat, ist ihm egal. Training bedeutet Anstrengung. Um die Kilos in Schwung zu bringen, beginnt man mit dem Training am besten langsam, vor allem aber trainiert man regelmäßig.

Das Equikinetic-Training können Sie individuell auf das jeweilige Pferd und seinen Konditionszustand anwenden. Ein übergewichtiges Pferd kann man nicht wie einen Sportler trainieren. Dazu hat es die Kraft nicht. Herz und Kreislaufsystem wären schnell überfordert, auch die Gelenke würden unnötig belastet werden. Hier heißt es: langsam beginnen und dann kontinuierlich steigern.

Kommen wir zur Equikinetic bei verschiedenen Erkrankungen.

Arthrose

Arthrose ist eine nichtentzündliche Gelenkerkrankung, die oft durch Fehlbelastung und Übergewicht entsteht. Viele Pferde leiden darunter. Man hört immer wieder, dass Bewegung das A und O zur Linderung bei Arthrose ist. Viele Pferdebesitzer, die diese Diagnose bei ihrem Vierbeiner gestellt bekommen, sind verunsichert, ob sie mit ihrem Pferd auch weiterhin trainieren dürfen. Das Pferd nicht mehr zu bewegen, wäre ein Fehler und es könnte ein Teufelskreis entstehen, der die Arthrose sogar verschlimmert.

Um ein Gelenk reibungslos zu bewegen sind die Gelenkflächen mit Knorpelgewebe ummantelt. Als Pufferzone zwischen den Knochen sorgt das Knorpelgewebe dafür, dass diese aneinander »vorbeigleiten« können. Um die Funktionsfähigkeit eines Gelenks zu erhalten, muss der Knorpel ausreichend mit Nährstoffen und Wasser versorgt werden. Gelenkflüssigkeit (Synovia), die diese Nährstoffe und Wasser enthält, wird gebildet, wenn sich ein Pferd bewegt, und durch die Bewegung dann in den Knorpel einmassiert. Bei Arthrose ist der Knorpel spröde und angegriffen. Sorgt man hier nicht für ausreichend Bewegung und schont das betreffende Gelenk, wird zu wenig Synovia gebildet und der ohnehin schon angegriffene Knorpel zu wenig geschmiert und ernährt.

Equikinetic kann helfen, diesen Teufelskreis zu durchbrechen. Als zentraler Bestandteil einer Bewegungstherapie lindert sie die typischen Symptome und verlangsamt das Fortschreiten der Arthrose. Das betroffene Gelenk wird beweglicher und das Pferd gewinnt an Mobilität und neuer Freude an der Bewegung. Zudem stärkt die Equikinetic die gelenksnahe Muskulatur, um das betroffene

Gelenk in seiner Stabilität zu unterstützen und zu entlasten.

Generell muss man die richtige Dosis an Training herausfinden, die individuell vom Pferd und dessen Diagnose abhängig ist. Beginnen Sie mit der Equikinetic im Schritt. Dies hat den Vorteil einer gleichmäßigen, langsamen Bewegung. Durch das Geraderichten des Pferdes in der Equikinetic werden Fehlbelastungen vermieden. Ebenso hat Ihr Pferd hier kein Risiko, durch abruptes Stoppen oder ruckartige, schnelle Richtungswechsel den Gelenken zu schaden. Es besteht keine erhöhte Verletzungsgefahr.

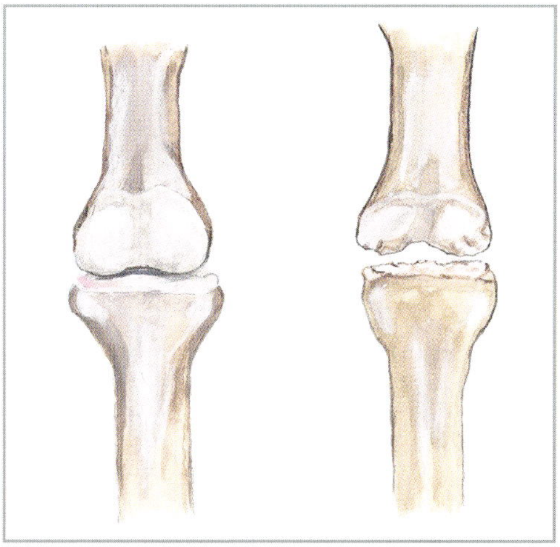

Bei Arthrose werden die auf der Gelenkfläche gelegenen Knorpel angegriffen. Diese sorgen dafür, dass die Knochen nicht aneinanderreiben. Links ein intakter Knorpel, die rechte Abbildung zeigt einen angegriffenen Knorpel.

Arthrosen können durch Fehlbelastungen entstehen. Um ein Pferd vor Arthrose zu schützen ist es wichtig, es geradezurichten.

WISSENSWERTES

Vorbeugen ist besser als heilen

Mit Equikinetic-Training ist es möglich, das Risiko zu verringern, dass Ihr Pferd an einer Arthrose erkrankt. Equikinetic schmiert die Gelenke und baut effizient die Muskulatur auf, die das Gelenk stützt und entlastet. Einseitige Belastungen und schnelle Richtungswechsel, die unnötig Druck auf das Gelenk ausüben, werden vermieden. Equikinetic kann also einem Gelenksverschleiß vorbeugen.

EQUIKINETIC FÜR PFERDE MIT ARTHROSE

***Bewegung** schmiert die Gelenke und versorgt den angegriffenen Knorpel mit Nährstoffen.*

Die Muskulatur zur Unterstützung der Gelenke wird gestärkt.

Durch Equikinetic werden Fehlbelastungen der Gelenke, abrupte Bewegungen und schnelle Stopps vermieden. Beginnen Sie im Schritt und passen Sie das Programm individuell auf Ihr Pferd an.

Das Equine Metabolische Syndrom (EMS)

Das Equine Metabolische Syndrom ist eine heimtückische Stoffwechselerkrankung bei Pferden und meistens leider hausgemacht. Durch eine hormonelle Fehlsteuerung, die durch Verfettung des Pferdes entsteht, ist der Stoffwechsel nur noch eingeschränkt in der Lage, den Blutzucker in Energie umzuwandeln. Es entsteht ein regelrechter Teufelskreis. Ein gefährliches Symptom des EMS ist die Hufrehe, die durch Ausschüttung des Hormons Kortisol (körpereigenes Kortison) begünstigt oder ausgelöst wird.

Die Hauptursachen von EMS sind eine dauerhafte Überernährung und zu wenig Bewegung. Das Tückische an der Krankheit ist, dass der Körper zu wenig Energie verbrauchen kann und somit zur weiteren Verfettung neigt.

Um zu verstehen, wie der Blutzucker (Glucose) von einem betroffenen Pferd verstoffwechselt wird, betrachten wir zunächst den Stoffwechsel eines gesunden Pferdes.
Nach der Nahrungsaufnahme steigt der Blutzuckerspiegel im Blut an. Die Bauchspeicheldrüse wird daraufhin angeregt, das Hormon Insulin auszuschütten. Insulin hilft den Zellen der Muskeln, der Leber und dem

Equikinetic fördert den Stoffwechsel und baut Muskulatur auf.

Fettgewebe, Glucose aufzunehmen. Dabei sinken der Glucose- und der Insulinspiegel wieder auf das ursprüngliche Niveau und das System befindet sich in Balance.

Bei einem an EMS erkrankten Pferd ist dieses System aus dem Gleichgewicht geraten. Die sichtbaren, fast als niedlich zu bezeichnenden »Fettpölsterchen« sind in Wirklichkeit Fettdepots mit einer fatalen Eigenschaft. Hier wird nicht nur Fett abgespeichert, in den »Pölsterchen« befindet sich eine aktive Hormondrüse. Dieses Fettgewebe produziert Hormone, die verhindern, dass die Zellen der Muskeln und der Leber gut auf Insulin ansprechen und somit keine Glucose mehr aufnehmen können. Das Muskelgewebe und die Leber, die eigentlich Glucose verbrennen würden, bekommen so weniger Energie. Der Verbrauch an Zucker sinkt, somit steigt der Blutzuckerspiegel, weil das Insulin seine »Wirkung« verliert. Auch der Insulinspiegel steigt, da es durch die geringere Aufnahme von Glucose nicht verbraucht wird. Wir haben also weniger Energie für die Muskulatur und die Leber, dafür mehr Insulin und Glucose im Blut. Stattdessen bekommen das Fett und die berüchtigten Fettdepots die Glucose exclusiv geliefert und wandelt diese in Fett um. Ein Teufelskreis entsteht. Ab hier spricht man von einer Insulinresistenz. Ein dauerhaft erhöhter Blutzuckerspiegel, ebenso wie ein ständig erhöhter Insulinspiegel, sind gewebeschädigend und stehen stark im Zusammenhang mit Hufrehe. Ob die Gewebeschäden nun allerdings direkt die Gefäße oder die Huflederhaut angreifen, wurde bisher noch nicht eindeutig geklärt.

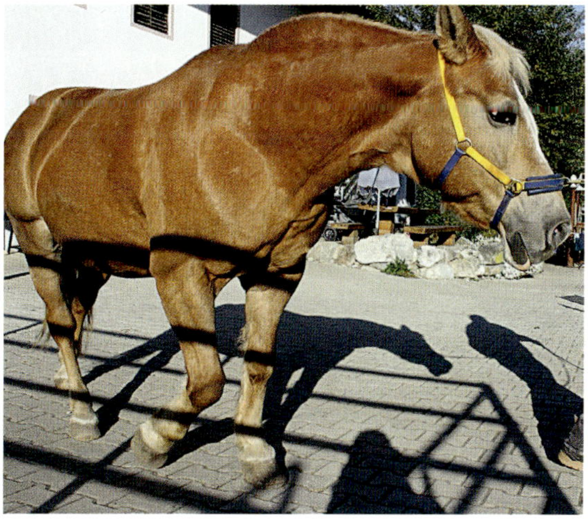

Ein typisches Anzeichen für das Equine Metabolische Syndrom ist das Fettpolster am Hals.

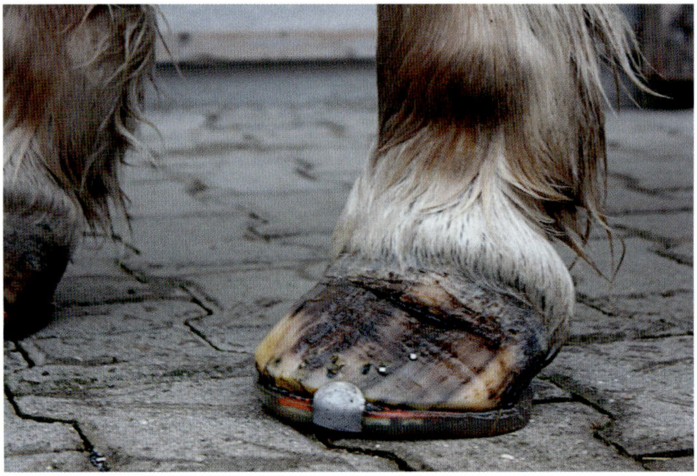

Auch Ponys sind von EMS und Hufrehe betroffen. Equikinetic leistet bei den Kleinen ebenfalls wertvolle Dienste.

Die fehlerhafte Energiebilanz bei EMS kann zur gefürchteten Hufrehe führen.

Hufrehe durch EMS

Durch Überernährung und Bewegungsmangel entstehen zu viele Fettdepots, die letztlich zur Insulinresistenz führen können. Der gestörte Blutzuckerhaushalt kann eine schleichende Hufrehe hervorrufen, was sich letztlich zu einer klinisch sichtbaren Rehe entwickeln kann.

Pferde, die am EMS leiden, sind durch die Insulinresistenz anfälliger für Hufrehe als gesunde Pferde. Faktoren, die bei gesunden Pferden keine Hufrehe auslösen würden, können bei dem »vorgeschädigten« Pferd mit EMS schwere Reheschübe hervorrufen.

Ein Hufreheschub verursacht Schmerzen. Der Körper schüttet daraufhin das Stresshormon Kortisol aus. Kortisol wiederum hat die Eigenschaft, die Insulinresistenz zu fördern. Bekommt man diesen Teufelskreis nicht in den Griff, ist der nächste Reheschub vorprogrammiert.

EMS ist eine tückische Krankheit. Auf der einen Seite benötigt das Pferd genügend Bewegung, um die Insulinresistenz zu bekämpfen und Fett abzubauen, auf der anderen Seite ist es schwierig, den Pferden aufgrund der Hufrehe ausreichend Bewegung, etwa im Trab, zu verschaffen.

Leider gibt es bisher gegen EMS noch keine medikamentöse Therapie. Die einzige Hilfe, die es für EMS-Pferde gibt, ist es, auf die dementsprechende Ernährung zu achten und Fett wieder in Muskulatur umzuwandeln, damit der Mechanismus umgekehrt werden kann und die Zellen wieder mit Nährstoffen versorgt werden.

Durch den effizienteren Muskelaufbau in der Equikinetic ist es möglich, das Pferd schonend zu trainieren, da Equikinetic ihre Wirkung schon im Schritt entfaltet. Die wirksamste Therapie bei EMS ist es, das Fett abzubauen und Muskulatur aufzubauen.

Um Pferde vor dieser Krankheit zu schützen, ist Vorbeugung besonders wichtig. Sorgen Sie für ausreichenden Muskelaufbau bei Ihrem Vierbeiner. Damit gewährleisten Sie, dass die Energie, die es aufnimmt, am effektivsten verbrannt wird. Lassen Sie die Fettdepots erst gar nicht entstehen, damit Ihr Pferd nicht in diesen Teufelskreis gerät.

WISSENSWERTES

***Das Equine Metabolische Syndrom** ist eine Krankheit, die durch Überfettung entsteht.*
Der Organismus wird insulinresistent und baut dadurch immer neues Fett auf.
Hufrehe wird durch einen zu hohen Insulin- und Glucosespiegel gefördert.
Es gibt derzeit keine medikamentöse Therapie gegen EMS.
Bewegung und Muskelaufbau sind überlebenswichtig für Pferde mit EMS!

Pferde in der Rehaphase

Nach einer längeren Stehphase, z. B. nach einem Klinikaufenthalt, kommt Ihr Pferd zurück und Sie stellen fest, dass sich dessen Muskulatur drastisch zurückgebildet hat.

Leider haben die Muskeln, wie wir bereits erfahren haben, eine negative Eigenschaft, sie verschwinden sehr schnell, wenn sie nicht mehr gebraucht werden. Das kennt jeder, der schon einmal einen Gips hatte. Nach drei Wochen Gipsbein ist von der ursprünglichen Muskulatur nicht mehr viel übrig. Muskeln arbeiten nach dem Prinzip »use it or loose it« und um Energie zu sparen, baut der Körper Muskelmasse ab, wenn sie nicht eingesetzt wird.

Nicht nur die Muskulatur verringert sich, auch Faszien, Sehnen und die Gesamtkondition leiden darunter. Faszien verlieren ohne dauerhafte, regelmäßige und wiederkehrende Belastungen an Festigkeit und Elastizität. Länge, Stärke und Gleitfähigkeit der Faszien werden durch den Grad bestimmt, inwieweit sich ein Pferd bewegt. Bei einem gut trainierten Pferd sind die Faszien straff, belastbar, stark und zeichnen sich durch ihre enorme Elastizität aus. Muskulatur und Gelenke werden fast mühelos bewegt, was einem Pferd nach längerer Stehphase deutlich schwerer fällt, denn es fehlt ihm an einer gewissen elastischen Dynamik. Sein Gangbild wird deutlich »steifer« und es bereitet ihm Probleme, sich zu dehnen und zu biegen.

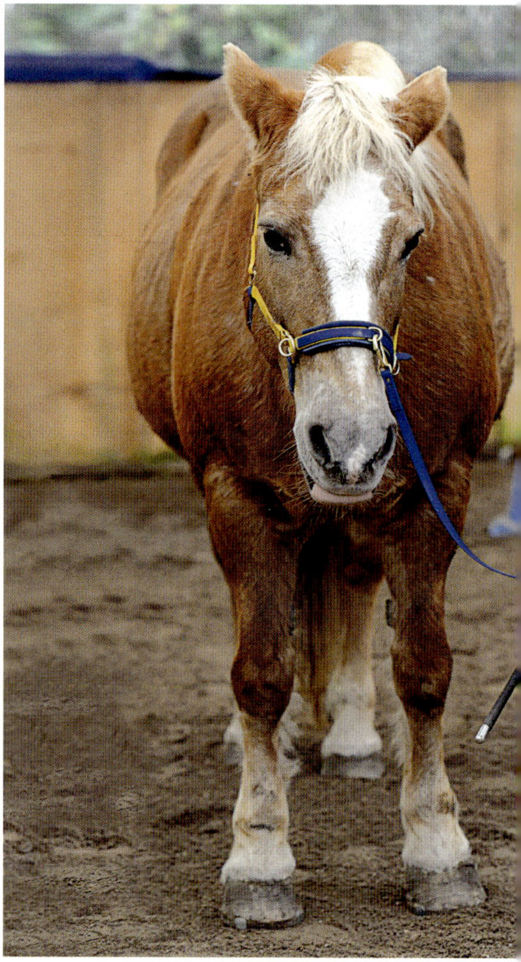

Bei älteren Pferden ist ein regelmäßiges Training wichtig, um sie fit zu halten.

Nach einer längeren Zeit, in der Pferde wenig Bewegung hatten, lassen nicht nur Kraft, Beweglichkeit und Schnelligkeit nach, auch ihre Ausdauer verringert sich und muss wieder auftrainiert werden.

Wird Ihr Pferd krank, hat es Verspannungen, Blockaden oder sonstiges, gibt es genügend Tierärzte, Osteopathen, Tierheilpraktiker etc., die im Ernstfall kompetente Hilfe leisten. Sie helfen Ihnen, die Krankheit zu stoppen, verschreiben Medikamente, lösen die Blockaden und helfen Ihrem Pferd, wo und wie sie können, damit es sich wieder schmerzfrei bewegen kann.

Ist die Behandlung des Tierheilpraktikers oder Tierarztes abgeschlossen, sind Sie wieder alleine für Ihr Pferd verantwortlich und für die Krankengymnastik zuständig.

Wird bei einer Untersuchung Ihres Pferdes eine Sehnenverletzung, Arthrose, EMS, Verspannungen oder sonstiges festgestellt, ist neben der gezielten medikamentösen Therapie ein »Rehaprogramm« sehr wichtig.
Befindet sich Ihr Pferd im Aufbau, können Sie ihm durch den geplanten Einsatz der Equikinetic besonders gut helfen.
Bereits im Schritt wird die Muskulatur wieder schonend aufgebaut. Faszien und Sehnen werden gleichmäßig strukturiert und bleiben elastisch, zudem wird die Gesamtkondition gestärkt.
Ich empfehle in dieser Zeit auf das Reiten zu verzichten. Ein Aufbauprogramm, ggf. über mehrere Monate, kann Ihrem Pferd bei der Genesung und Regeneration helfen. Nach einer Muskelaufbauphase mit der Equikinetic können Sie diese in Ihren Trainingsplan integrieren. Sie sorgen dafür, dass Ihr Pferd die Muskulatur, die es aufgebaut hat, erhält.

WISSENSWERTES

***Durch Steh- und Ruhephasen** bildet sich die Muskulatur zurück und die Kondition lässt nach.*
Equikinetic bietet ein schonendes, effektives Aufbauprogramm, da die Pferde gleichmäßig und ohne Fehlbelastung gearbeitet werden.

Equikinetic für ältere Pferde

Was für Pferde nach einer langen Stehpause und zu wenig Bewegung gilt, trifft insbesondere auch auf ältere Pferde zu. Wer rastet, der rostet. Dieser Spruch bringt es genau auf den Punkt. Wenn ein Pferd altert, sinkt die allgemeine Leistungsfähigkeit, das Pferd ist schneller überanstrengt, nimmt oft ein bisschen ab und seine Muskulatur geht zurück. Viele kleine und größere gesundheitliche Probleme, etwa mit der Verdauung, entstehen. Auf einmal ist Arthrose das Thema, es zwickt eben hier und da. Der Organismus befindet sich im Abbau, das ist der Lauf des Lebens. Allerdings ist das kein Grund, alte Pferde in

Bei regelmäßigem Equikinetic-Training wird auch alten Pferden das Aufstehen wieder leichter fallen.

die Ecke zu stellen und sie übermäßig zu schonen. Je älter Ihr Pferd wird, umso mehr müssen Sie dafür tun, dass es gesund und fit bleibt.

Sorgt man nicht dafür, dass sein altes Pferd mobil bleibt, passt sich dessen Aktivität daran an. Selbst alltägliche Bewegungen, wie das Aufstehen oder das sich nur von A nach B bewegen, fallen ihm dann sichtlich schwerer. Je weniger Sie dagegen tun, umso mehr wird Ihr Pferd abbauen.

Nicht nur für ältere Menschen, auch für alte Pferde gelten vier entscheidende Faktoren, die für die Gesundheit und Agilität maßgebend sind: das Herz-Kreislauf-System, die Muskulatur und Faszien, die Bänder und Sehnen, die Koordination und Reaktion. Werden diese verbessert, erhalten und aufgebaut, ist das schon die halbe Miete, um Ihr Pferd fit zu halten.

Die Trainierbarkeit des Körpers verringert sich im Alter nicht, lediglich verlängern sich die Erholungsphasen zwischen den Einheiten. Alte Pferde brauchen mehr Pause, aber das Training muss dabei nicht weniger intensiv sein.

Alte Pferde werden nicht zwangsläufig krank. Sie können etwas tun, damit Ihr Pferd noch lange seine Fitness behält und gesund bleibt. Es ist nie zu spät, mit einem Fitnessprogramm für Ihr Pferd zu beginnen. Sorgen Sie dafür, dass es lange agil bleibt und Freude an der Bewegung und am Leben hat.

Ein- bis zweimal Equikinetic pro Woche hilft Ihrem alten Pferd dabei, seine Mobilität zu erhalten.

WISSENSWERTES

Auch alte Pferde sind für ihren Menschen wertvolle Begleiter. Oft werden sie aber mit ungenauer Diagnose auf das Abstellgleis bzw. auf die Koppel gestellt. Dafür ist es häufig viel zu früh. Wir haben die Erfahrung gemacht, dass sogar Pferde, die eigentlich schon »in Rente« waren, mit Equikinetic wieder aufblühten und noch lange an der Seite ihrer Besitzer aktiv waren.

***Durch Bewegungsmangel** sinkt die Lebensqualität älterer Pferde. Equikinetic hilft Ihrem Pferd, agil und fit zu bleiben.*

***Ältere Pferde** brauchen mehr Pausen zwischen den Einheiten, damit sich der Körper erholen kann und es zum Muskelwachstum kommt.*

Erhalt

Equikinetic ist ein hervorragendes Training, um Muskeln, Faszien, Sehnen, Bänder und die gesamte Kondition Ihres Pferdes aufzubauen und zu erhalten.

Sie sind vielleicht der Meinung oder können es sich nicht vorstellen, dass es ausreicht, Ihr Pferd nur alle zwei Tage in der Equikinetic zu trainieren. Bedenken Sie dabei, Muskeln wachsen in den Pausen. Hier baut der Körper Muskulatur auf und verbraucht Energie. Er repariert die Mikrotraumen, die nach jeder Muskelbelastung entstehen, und bereitet sich auf das nächste Training vor. Wenn man ständig in diesen Regenerationsprozess eingreift, kann die Muskulatur nicht wachsen, im schlimmsten Fall wird das Pferd übertrainiert und die Muskeln bilden sich zurück.

48 Stunden Pause heißt nicht, dass Sie Ihr Pferd nur auf die Koppel stellen können. Gemütliche Ausritte am langen Zügel, spazieren gehen, dies ist alles möglich, nur sollten Sie die Muskulatur des Pferdes nicht überbelasten. »Am Tag danach« sind ein anstrengendes Springtraining, eine schweißtreibende Dressurstunde oder das Ausdauertraining für den Distanzritt kontraproduktiv (siehe Abschnitt Pause).

Tägliche Bewegung ist für das Pferd wichtig, und Stehtage, an denen es nur in der Box verbleibt, gehören hoffentlich schon lange der Vergangenheit an.

Wenn Sie der Muskulatur Ihres Pferdes eine gute Basis gegeben haben, sollten Sie diese auch erhalten. Bleiben Sie dran und bauen Sie die Equikinetic regelmäßig in Ihre Planung ein, um einen langanhaltenden Erfolg zu haben.

Bauen Sie Equikinetic regelmäßig in Ihr Training ein, das sorgt für den Erhalt der Muskulatur.

Sie können Equikinetic auch wunderbar als Zusatztraining in Ihr Wochenpensum einfügen. Integrieren Sie Equikinetic ein- bis zweimal in der Woche in Ihren Trainingsplan.

Kapitel 4

The Big Three – Stellen, Biegen, Geraderichten

Stellung

Um auf der Quadratvolte in der Equikinetic laufen zu können, muss das Pferd gebogen sein. Da aber Biegung nicht ohne Stellung einhergeht, müssen Sie den Kopf und Hals Ihres Pferdes zu allererst in die Richtung positionieren, in die das Pferd geht. In der Stellung liegt der Schlüssel dazu, Ihr Pferd korrekt biegen zu können. Man spricht in der Reitlehre davon, dass das Pferd im Genick »nachgeben« soll. Viele vermuten diese Stelle direkt hinter den Ohren. Tatsächlich ist das aber nur die halbe Wahrheit. Die Verbindung zwischen Hinterhauptbein und erstem Halswirbel, dem Atlas, nennt man Atlantookzipitalgelenk. Hier handelt es sich lediglich um den ersten Teil des Kopfgelenkes, nicht um das ganze Genick. Dem Pferd sind mit diesem Gelenk hauptsächlich Nickbewegungen möglich. Das Atlantookzipitalgelenk bezeichnet man als Eigelenk, da Gelenkpfanne und Kopf keine runde, sondern eine eiförmige Gelenkfläche aufweisen. Dreh- und Angelpunkt der Stellung ist das Atlantoaxialgelenk (Articulatio atlantoaxialis). Dieses befindet sich zwischen dem ersten und zweiten Halswirbel (Atlas und Axis). Es wird auch das »Neinsager- oder No-Joint-Gelenk genannt. Da dieses Gelenk kein Kugel-, sondern ein Zapfengelenk darstellt, ist es dem Pferd möglich, den Kopf nur nach links und nach rechts zu drehen. Jedes Pferd hat eine Lieblingsseite, zu der es hohl ist.

Cornelia Greifenberg-Gruns, Klassik-Trainerin, Huforthopädin und Osteopathin aus Schweitenkirchen, konnte nachweisen, dass der Axis (zweiter Halswirbel) immer zu einer Seite kippt. Schaut das Pferd nach rechts, kippt der Axis nach rechts und umgekehrt. Der Axis unterscheidet sich durch seine Form und ein weiteres Merkmal von allen anderen Halswirbeln, seinen »Dorn« (Dens Axis) auf der Vorderseite. Dieser ist mit dem Atlas verbunden, in dessen Wirbelkanal eine kleine Knochenerhebung ist, welche den Dorn des Axis nicht in der Mitte aufliegen lässt.

Dieser Mechanismus schiebt den zweiten Halswirbel in die Richtung, in die das Pferd gestellt ist. Nimmt das Pferd eine entspannte Haltung ein, ist es dem Axis problemlos möglich, die Seite zu wechseln und den Widerstand des ersten Halswirbels zu überwinden. Je höher das Pferd allerdings den Kopf hält oder je mehr die starken Muskeln des Halses verspannt sind, desto schwerer fällt es ihm, sich im Genick umzustellen.

Vielleicht kennen Sie dieses Gefühl, auf der hohlen Seite ein M-Dressurpferd zu reiten, da es sich tatsächlich so anfühlt, während Sie auf der festen Seite erkennen müssen, dass es diese Klasse, in der Ihr Pferd läuft, noch gar nicht gibt. Stellen Sie sich das Nein-Sager-Gelenk wie einen alten mechanischen Drehlichtschalter vor. Entweder ist er auf »An« oder »Aus« geschaltet. Das Überwinden der Knochenerhebung des ersten Halswirbels macht es der »Nase«

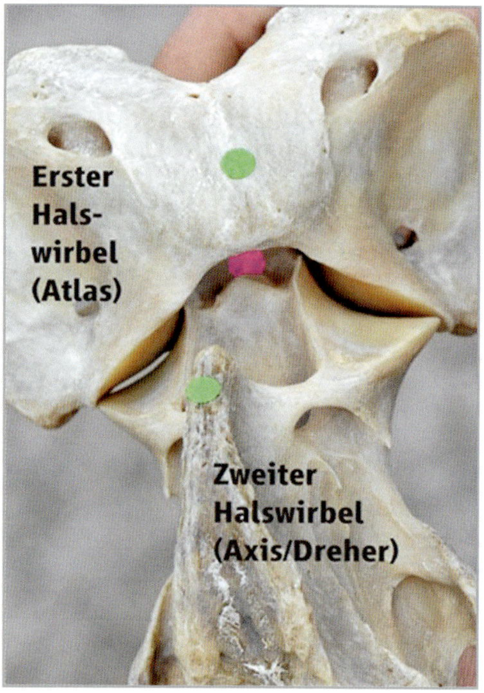

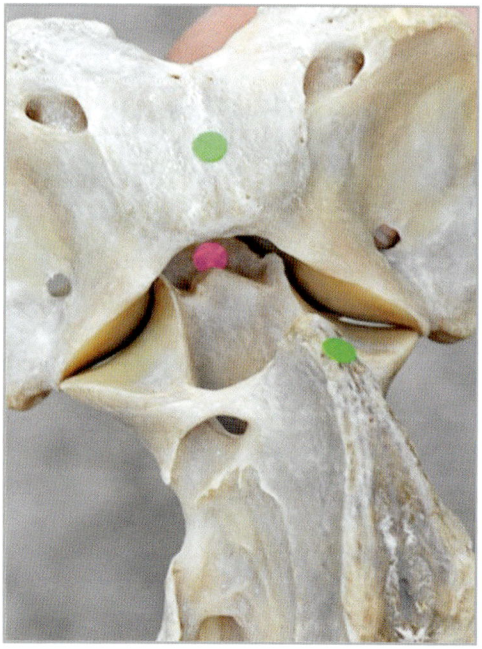

Bilder: CAVALLO/Rädlein

des Axis unmöglich, dort aufzuliegen und es erfordert eine gewisse Anstrengung.

Das Atlantoaxialgelenk ist die aktive mechanische Schaltstelle, die es Ihrem Pferd ermöglicht, sich von links nach rechts umzustellen.

Das Umschalten im Genick wird durch eine verspannte oder schon verhärtete Muskulatur erschwert. Zieht man den Kopf des Pferdes etwa nach hinten, verspannt die untere Halsmuskulatur u.a auch die Genickmuskulatur. Oft kann man diese sogar als regelrechte Wölbungen hinter den Ohren deutlich sehen.

Cornelia Greifenberg-Gruns zur Stellung

»Bei den meisten Pferden hat der zweite Halswirbel eine Lieblingsstellung und steht immer in Beziehung mit der natürlichen Schiefe des Pferdes. Ist es nach links hohl, kippt es auch seinen Axis bevorzugt nach links. Ist es rechts hohl, kippt der Wirbel meist nach rechts. Je mehr die Schiefe zum Tragen kommt, umso schwerer fällt es ihm, umzuschalten.« »Die reiterliche Herausforderung besteht darin, das Pferd auf geraden Linien mit leichter Zügelverbindung in der Links- wie in der Rechtsstellung reiten zu können, um auf Dauer die einseitige Belastung der Vorhand durch die Stellung, die das Pferd im Genick immer hat, auszugleichen. Die gründliche Ausbildung des Pferdes am Boden hilft hier immens.«

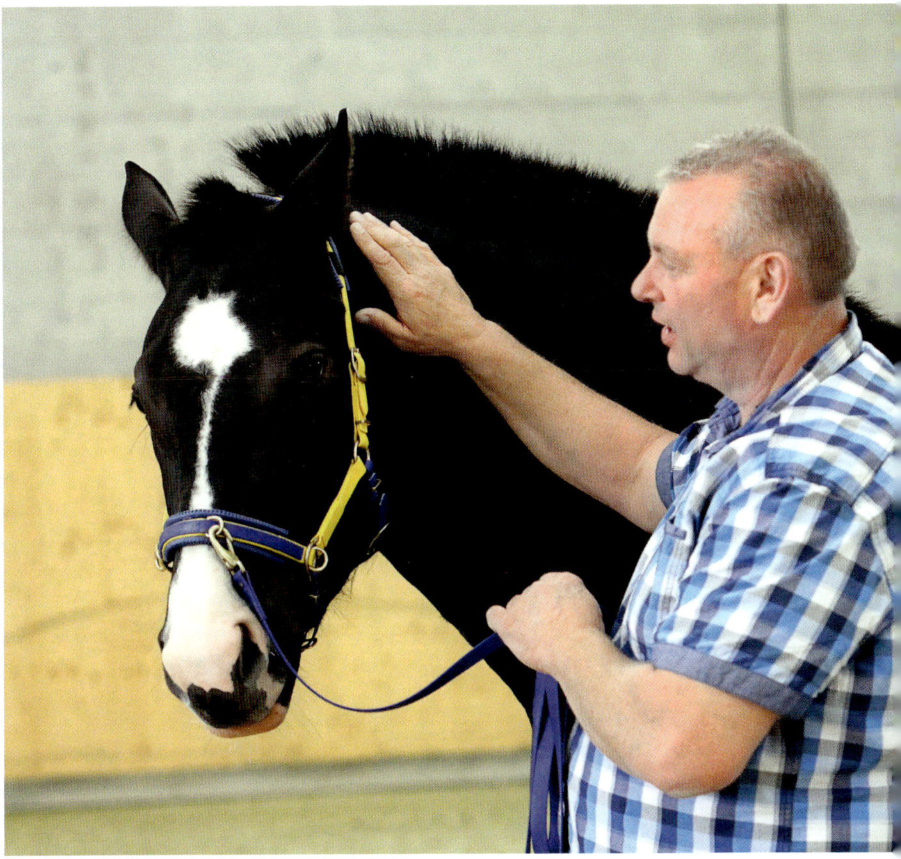

Die Stellung findet im Genick statt. Falsch trainierte Muskulatur um den Genickbereich kann den Pferden die Stellung erschweren.

Die Stellung erfolgt also hauptsächlich im Genick, der ganze Hals ist dabei oft weniger gebogen als man annehmen könnte. Wird ein Pferd auf gerader Linie gestellt, muss es dabei nicht gebogen sein. Stellung ist ohne Biegung möglich. Der Rumpf des Pferdes, also vom Widerrist bis zur Schweifrübe, bleibt dabei gerade, nur der Kopf und Halsbereich werden zur Stellung benötigt.

Korrekte Stellung

Um genau zu sein, ist das Pferd also im Genick gestellt und im Hals gebogen. Kopf und Hals eines Pferdes sind in korrekter Innenstellung der Kreislinie, auf der es geht, angepasst. Innenstellung heißt, der Kopf dreht sich in die Richtung, in die das Pferd geht und der Hals biegt sich mit. Läuft das Pferd auf der linken Hand, sind Kopf und Hals nach links gedreht, ist es auf der linken Hand nach rechts gestellt, spricht man von Außenstellung.

Minimale Innenstellung

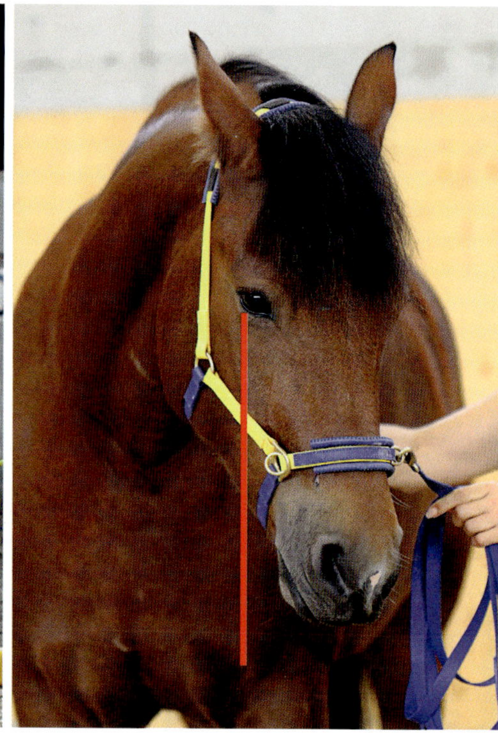

Maximale Innenstellung

Wie sieht man die richtige Stellung?

Stellen Sie sich Ihr Pferd einmal vor. Von vorn betrachtet ist der Kopf immer vor der Brust, mittig, die Ohren auf einer Höhe. Ziehen Sie jetzt eine gedachte Linie senkrecht vom äußeren Auge nach unten zur Brust. Hier befindet sich das Buggelenk.

Die minimalste Innenstellung ist, wenn sich das äußere Auge auf Höhe des äußeren Buggelenkes befindet, die maximale Innenstellung ist, wenn sich das äußere Auge auf Höhe des inneren Buggelenkes befindet.

Pferd in schöner Innenstellung

Das Pferd wird überstellt

Bei einem überstellten Pferd werden Kopf und Hals über die maximale Innenstellung hinaus zu stark gebogen. Das Pferd »fällt« auf die äußere Schulter, da es versucht, das Gleichgewicht zu halten, und stützt sich auf dem vorderen äußeren Bein ab. Das Pferd wird aus der Balance gebracht und versucht das zu kompensieren.

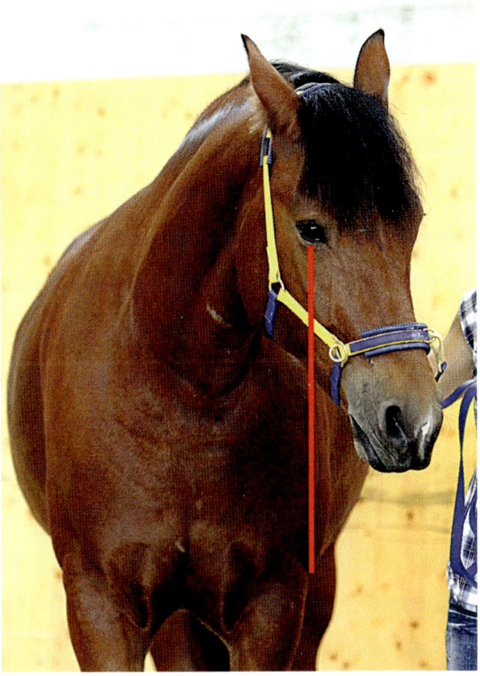

Zu viel Stellung: Das äußere Auge befindet sich nicht mehr auf Höhe des inneren Buggelenks.

Dieses Pferd ist deutlich überstellt.

Das Pferd verwirft sich im Genick

Mit der Aussage »Das Pferd verwirft sich im Genick« ist gemeint, dass das Pferd den Kopf nicht mehr gerade hält, sondern schräg abstellt, also schief hält. Wenn es sich verwirft, erkennt man das an den Ohren, die nicht mehr auf gleicher Höhe sind, und an der schief getragenen Nase. Auf der linken Hand etwa ist das linke Ohr tiefer als das rechte und die Nase wird nach rechts gestellt.

Das Verwerfen kann mehrere Gründe haben, allerdings ist es häufig eine Schmerzreaktion, die auch durch Überforderung hervorgerufen werden kann. Wenn die Muskulatur bei korrekter Stellung zu schmerzen beginnt, da diese anstrengend ist, versucht das Pferd durch das Ver-

Das Pferd möchte sich aus der Stellung befreien und verwirft sich. Das kann verschiedene Gründe haben, jedoch sollten Sie zunächst die Stellung aufgeben, damit nicht noch mehr Gegenreaktion hervorgerufen wird. Danach versuchen Sie, die Stellung wieder herzustellen.

werfen, diese Muskelgruppen zu entlasten und das »Muskelziehen« oder die Schmerzen zu lindern.

Ein Problem ist, wenn das Pferd im Genick fest ist. Das heißt, es ist nicht in der Lage, sich zu stellen, entweder durch falsche Einwirkung der Reiterhand oder durch Verspannen des Halses. Eine verspannte Halsmuskulatur erlaubt es dem Genick nicht mehr, beweglich zu sein, somit ist eine gleichmäßige Seitwärtsbewegung nicht mehr möglich. Bei chronischen Verspannungen bildet sich eine verhärtete Muskulatur um dieses Gelenk, was ein Stellen im Genick erschwert oder unmöglich macht.

Dauerzug vermeiden

Auf der hohlen Seite des Pferdes fällt es leichter, das Pferd zu stellen. Der Hals des Pferdes besteht aus sehr kräftigen Muskeln und einem stabilen Nackenband. Durch den Dauerzug und den Gegendruck, den das Pferd daraufhin aufbaut, verspannt sich die Halsmuskulatur und blockiert das Genick.
Darum sollten Sie in der Equikinetic einen Dauerzug am Kappzaum, um das Pferd in Stellung zu bringen, vermeiden. Das Pferd wird nur dagegenziehen. Dadurch verspannt sich die Halsmuskulatur, was ein Umstellen im Genick und somit eine korrekte Stellung unmöglich macht.

Kann das Pferd die Balance in der Stellung nicht halten, bauen Sie bitte keinen Dauerzug auf. Druck erzeugt nur Gegendruck. Geben Sie stattdessen Impulse.

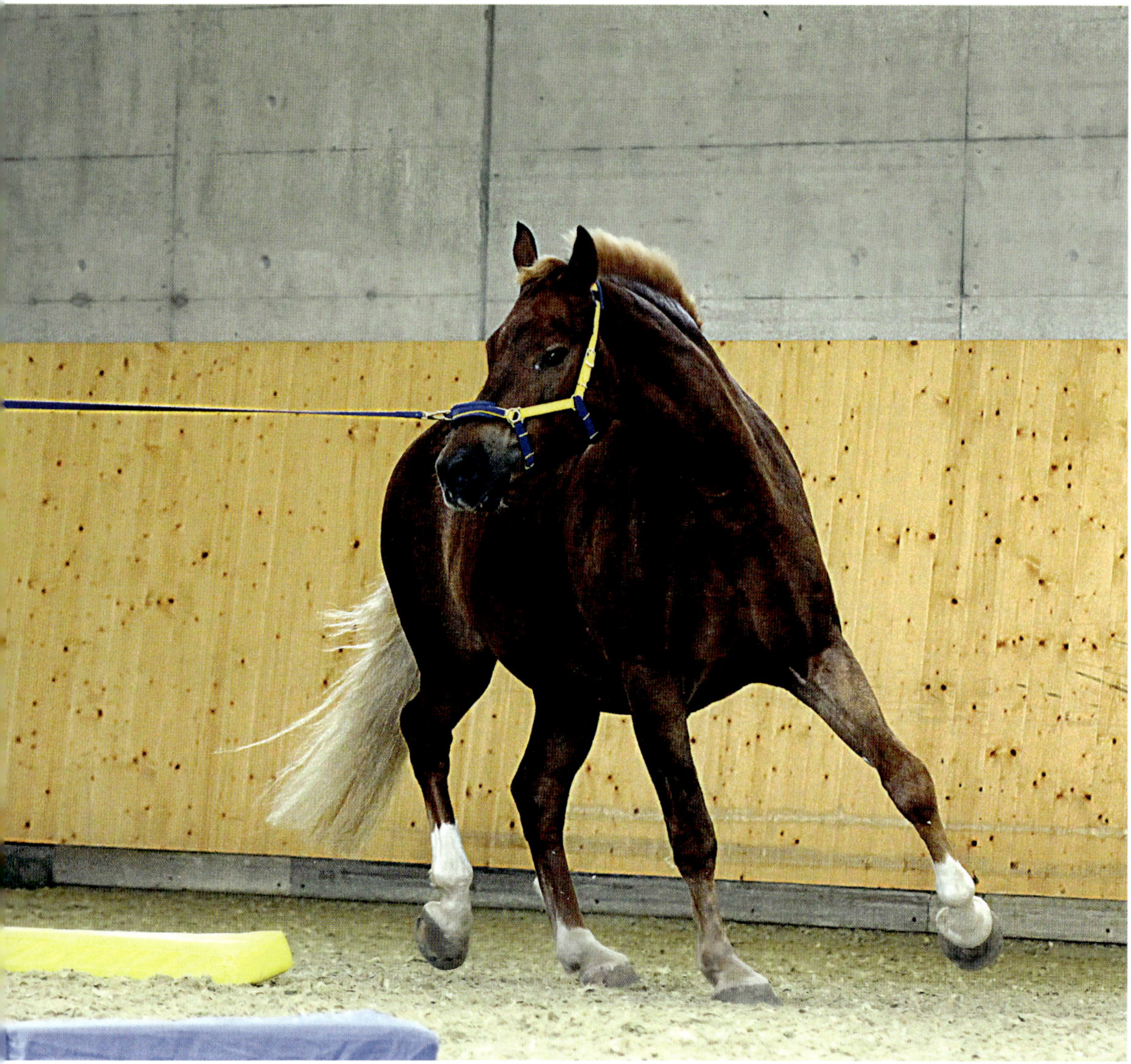

Das Tempo ist zu hoch und das Pferd kann die geforderte Stellung und Biegung nicht halten. Der zu starke Zug am Kappzaum führt dazu, dass das Pferd noch mehr die Balance verliert.

Wünschenswert wäre eine leichte Verbindung zum Kappzaum. Um Dauerzug zu vermeiden, geben Sie immer wieder leichte(!) Impulse. Dadurch verhindern Sie den Gegendruck, den das Pferd aufbauen würde.

Biegung

Unter seitlicher Biegung verstehen wir, dass das Pferd z. B. in der Quadratvolte der Equikinetic, die letztlich als ein Kreis longiert wird, vom Genick bis zur Schweifrübe gleichmäßig gebogen geht. Im Fachjargon spricht man von »in sich gerade auf gebogener Linie« oder »vom geraden gebogenen Pferd«. Das innere Hinterbein sollte unter den Schwerpunkt treten und die Hinterhand in die Spur der Vorhand.

Nun ist das mit dem Biegen anatomisch allerdings nicht so einfach für ein Pferd. Der Hals des Pferdes ist sehr biegsam, so dass es sich mit den Zähnen beispielsweise am Hüfthöcker »kratzen« kann. Der Rumpf aber ist weit weniger flexibel.

Die Wirbelsäule und der Brustkorb sind eingeschränkt biegsam. Die Rippen rücken bei der Biegung auf der inneren Seite zusammen, auf der äußeren Seite dehnen sie sich auseinander. Allerdings ist dieser Spielraum nur auf einige Zentimeter begrenzt. Ändert sich die Position einer Rippe, hat das eine Kettenreaktion durch den ganzen Rippenkasten zur Folge.

Auch weiter hinten am Pferd sieht es nicht viel besser aus. Der letzte Lendenwirbel ist durch ein unbewegliches Gelenk mit dem Kreuzbein verbunden, das durch seine Verbindung mit dem Darmbein ein Ganzes mit dem Becken bildet.

Die Beweglichkeit zwischen Brust und Lendenwirbel untereinander und die Verbindung Lendenwirbel mit dem Kreuzbein ist sehr eingeschränkt. Vor dem 16. Wirbel ist eine geringe Biegung möglich, nach diesem Wirbel Richtung Schweif wird die Biegungsfähigkeit immer geringer. Bei der Verbindung vom letzten Lendenwirbel mit dem Kreuzbein ist sie gar nicht mehr möglich.

Damit sich ein Pferd biegen kann, ist allerdings nicht nur die Anatomie des Skelettes ausschlaggebend. Die Muskulatur trägt in erheblichem Maße dazu bei, dass Ihr Pferd ordentlich um die Kurve kommt. Die Muskeln der Vorhand, die Rückenmuskulatur, die Bauchmuskulatur und schließlich die Hinterhandmuskulatur helfen dem Pferd, dass es ein Volte meistern kann. Sie tragen dazu bei, Gelenke zu bewegen, unter den Schwerpunkt zu treten und die Wirbelsäule zu krümmen.

Die thorakale Muskelschlinge (Rumpfaufhängung) verbindet die Vorderbeine des Pferdes mit dem Rumpf. Sie sorgt dafür, dass die Schultern beweglich sind und sich der Rumpf frei zwischen den Schulterblättern bewegen kann. Zudem ist sie dafür verantwortlich, dass das Pferd die Vorderbeine nach hinten und nach vorne führen kann.

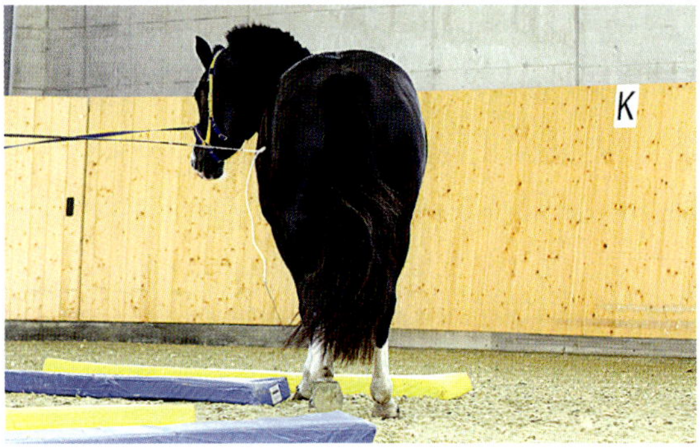

Ihre Aufgabe ist es, Stellung und Biegung im Training zu erhalten.

Dieser Mechanismus ermöglicht es dem Pferd, die Vorhand auf eine Volte einzustellen und ist daher flexibler als der Rumpf. Die rumpftragende Muskulatur ist mit einem Ende an der Innenfläche des Schulterblatts und am anderen Ende mit den ersten acht Rippen und den letzten fünf Halswirbeln verbunden.

BIEGUNG

Schaut man von oben auf ein gebogenes Pferd, sollte eine gleichmäßige Biegung vom Genick bis zum Schweif erkennbar sein. Doch der Eindruck täuscht, denn ein Pferd kann sich nicht überall biegen. Die Längsbiegung des Pferdes ist begrenzt. Neben der Halsbiegung ist Dreh- und Angelpunkt die Vorhand des Pferdes. Der Torso des Pferdes hängt ohne knöcherne Verbindung zwischen seinen Schulterblättern, da es kein Schlüsselbein besitzt. Dort wird es von den thorakalen Muskelschlingen festgehalten. Diese »hängen« im untrainierten Zustand des Pferdes schlaff nach unten. Wird das Pferd trainiert, werden diese kräftiger und heben die Vorhand an. Der Widerrist kommt dabei hoch. Vorhand und Hals sind durch weitere Muskeln verbunden. Die Vorhand ist dadurch flexibler. Pferde werden immer mit der Vorhand auf die Kreislinie eingestellt, nur so kann eine reale Biegung und schließlich eine gleichmäßige Bemuskelung erfolgen. Das heißt, die Pferde müssen die äußere Schulter mit auf die Kreislinie nehmen. Schön erkennen kann man das an den Hufabdrücken, die in der Verlaufslinie des Kreises sichtbar werden. Die Längsbiegung der Wirbelsäule ist soweit begrenzt, wie die Rippen des Pferdes auseinanderstehen. Auf der inneren Seite »schieben« sich die Rippen zusammen und auf der Außenseite können die Rippen nur so weit auseinandergehen, wie die Anatomie es zulässt.

Die Rippen sind in einem bestimmten Abstand an der Wirbelsäule befestigt. Im Kreuzbein findet kaum bis keine Biegung statt, da die Wirbel an dieser Stelle beim ausgewachsenen Pferd verwachsen sind.

Der Brustkorb biegt sich und rotiert leicht nach außen. Dabei senkt sich der innere Rippenbogen ab und der äußere hebt sich an. Über das Kreuz-Darmbein-Gelenk kippt das Becken nach innen ab.

Das äußere Hinterbein kann in die Spur des äußeren Vorderbeines treten, das innere Hinterbein in die Spur des inneren Vorderbeines. Dabei geht das innere Bein in die Hankenbeugung, nimmt Last auf und die Kruppe senkt sich leicht ab.

Diese Muskeln helfen, den Thorax zwischen den Schulterblättern zu heben. Je stärker die thorakale Muskelschlinge wird, desto leichter fällt es dem Pferd, seine Vorhand auf einer Kreislinie einzustellen.

In einer 8-Meter-Volte wird das Pferd geradezu genötigt, mit dem inneren Bein die Gelenke vermehrt zu beugen und Last aufzunehmen. Dadurch dass sich in der Biegung die Wirbelsäule nach außen dreht, senkt sich der innere Rippenbogen nach innen. Das Pferd »kippt« mit der Hüfte nach innen und geht dabei leicht in die Hankenbeugung. Wäre der Durchmesser größer, wäre das Abkippen der Hüfte und das Beugen der Gelenke weit weniger nötig.

Einem steifen, untrainierten Pferd fällt es sichtlich schwerer, sich auf einer gebogener Linie zu bewegen. Je besser ein Pferd gymnastiziert wird, je besser es lernt, seine Balance zu halten und auch die Kraft dazu zu entwickeln, umso müheloser ist es in der Lage, eine Volte zu meistern.

Equikinetic verleiht dem Pferd durch Muskelwachstum die nötige Kraft und hilft dabei, die Elastizität der Faszien, Bänder und Sehnen zu fördern und zu erhalten und eine symmetrische Muskelentwicklung zu gewährleisten.

Der Rücken des Pferdes ist nur begrenzt biegbar.

Quadratvolte Equikinetic mit zwei Quergassen

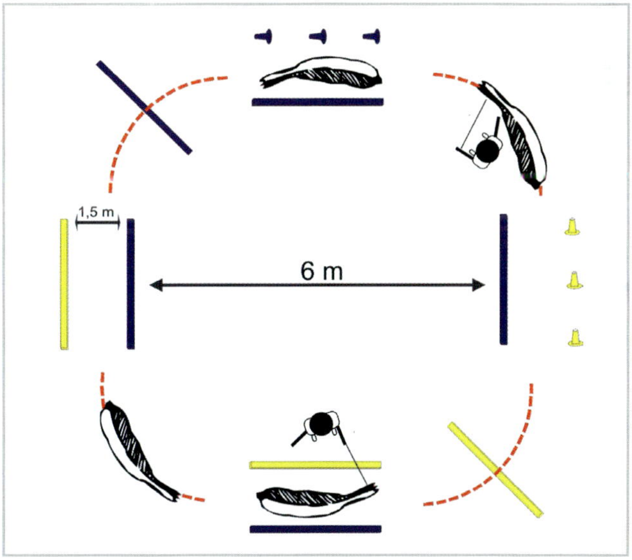

Das Pferd läuft in Dauerinnenstellung und Biegung durch die Quadratvolte.

Geraderichten

Eine Voraussetzung, dass sich Ihr Pferd korrekt und ausbalanciert auf einem Kreis biegen kann, ist, dass es geradegerichtet wird.
Jedes Pferd hat eine Lieblingsseite. Die Seite, die sich besser anfühlt und auf der das Pferd in der Regel williger läuft, bezeichnet man als die hohle Seite. Die andere Seite wird als steife Seite bezeichnet. Es gibt bei Pferden ebenso wie beim Menschen Rechts- wie Linkshänder bzw. -füßer.

Die Hinterhand spurt dabei nicht in die Spuren der Vorderhand, sondern seitlich rechts oder links daneben. Man spricht von der natürlichen Schiefe. Ziel des Geraderichtens ist es, dass die Hinterbeine in die Spur der Vorderbeine treten.

Um Ihr Pferd auf beiden Seiten gleichmäßig biegen zu können, muss es diese natürliche Schiefe überwinden. Auf einer geraden Linie ist das Überwinden dieser Schiefe fast unmöglich. Pferde, die nur geradeaus laufen, sind nicht gezwungen, sich auszubalancieren. Sie kommen mit ihrer »Lateralität« sehr gut durchs Leben.
Will man Pferde aber reiten, ist es unumgänglich, sie geradezurichten und dafür zu sorgen, dass sich ihre Muskulatur symmetrisch entwickelt. Ziel ist es, dass sie den Reiter schadlos tragen können.

Probleme machen da vor allem die Wendungen, Volten, Zirkel und Seitengänge, die wir von unserem Pferd verlangen. Aber genau die brauchen wir, um unser Pferd geradezurichten. »Learning by doing« sozusagen. Ein Pferd kann nur gerade werden, wenn es gelernt hat, auf einer Kurve zu laufen. Der Ausspruch: »Zeige mir eine Volte und ich sage Dir, wie gut Dein Pferd ausgebildet ist«, hat durchaus seine Berechtigung.

Nur ein geradegerichtetes Pferd kann sich gleichmäßig auf beiden Seiten biegen und in der Balance sein.

Warum nun aber der recht kleine Durchmesser in der Equikinetic? Natürlich höre ich wieder einen Aufschrei der Kritiker, dass untrainierte, junge oder kranke Pferde keine engen Wendungen gehen dürfen, da Gelenkschäden, Muskelverspannungen, Sehnenüberbelastungen etc. als unausweichliche Folgen befürchtet werden.

Die Quadratvolte (siehe Abschnitt Quadratvolte) hat einen Durchmesser für ein durchschnittliches Warmblut von 8 m. Die Gassen bilden eine Begrenzung und geben Anlehnung. Das Pferd muss sich quasi um die Kurve biegen. Die Quadratvolte bietet noch einen wichtigen Faktor: Gleichmäßigkeit. Durch den Menschen, der in korrekter Innenstellung und Biegung longiert, was durch das geführte Longieren an der Schulter möglich gemacht wird, wird das Pferd geradezu gezwungen, sich geradezurichten. Anfangs im Schritt, dann im Trab in einem Tempo, in dem sich das Pferd noch darauf einstellen kann. Mit der Zeit entsteht für das Pferd eine Art Körperbelohnung, da diese neuen Bewegungsabläufe auf einem Kreis sehr ökonomisch sind. Zudem werden hier die Muskeln koordiniert. Sie wachsen, das ganze Fasziengeflecht wird geschmeidiger und das Pferd bekommt ein sicheres Gefühl, die Balance halten zu können (siehe Abschnitt: Beziehungstraining).

Der Körper belohnt sich selbst. Durch Wiederholungen wird die neue Laufanatomie abgespeichert und automatisiert. Die Quadratvolte macht also ein kontrolliertes Arbeiten möglich. Dem Pferd bleibt gar nichts anderes übrig, als korrekt zu lasten und somit »richtig« laufen zu lernen.

Ich gehe sogar noch weiter. Auf einem 18-Meter-Zirkel ist das Pferd seiner natürlichen Schiefe hilflos ausgeliefert. Keines meiner Pferde darf, bevor es nicht laufen gelernt hat, einen so großen Zirkel an der Longe gehen. Ausbinder jeglicher Art können auch nicht verhindern, dass das Pferd versucht, seine Schiefe auszugleichen. Sie sind nicht flexibel genug, um die Vorhand korrekt auf einen Zirkel einzustellen. Das Pferd versucht irgendwie sein Gleichgewicht zu halten, oft schert die Hinterhand aus, auf der anderen Seite läuft das Pferd mit der Vorhand nach außen. Es mag schön aussehen, wenn das Pferd den Kopf nach unten trägt. Um jedoch gerade zu werden, sind Ausbinder kein geeignetes Mittel, auch nicht auf einem großen Zirkel.

Von einem Pferd zu verlangen, 30 Minuten ausgebunden in einer Körperhaltung zu laufen, die eigentlich erarbeitet werden muss, führt sehr oft zu Verspannungen. Die Muskulatur wird dauerangespannt, nicht richtig durchblutet und somit der Tonus erhöht. Der Muskel »verkürzt« sich und fühlt sich hart an, was oft sehr schmerzhafte Folgen hat.

Zudem ist man viel zu weit entfernt vom Pferd, um die Schulter kontrollieren zu können, geschweige denn dem Pferd durch feine Hilfen eine ordentliche Stellung durchs Genick zukommen zu lassen.

Ein weiterer Faktor ist das Tempo, das besser kontrolliert werden kann, wenn man näher am Pferd ist. Und Tempo spielt eine wesentliche Rolle, um ein Pferd geradezurichten (siehe Abschnitt Komforttempo).

WISSENSWERTES

Geraderichten *ist die Voraussetzung, um sich auf beiden Seiten gleichmäßig biegen zu können. Das Tempo (Abschnitt Tempo/Fleiß) wird zunächst sehr langsam gewählt. Die Acht-Meter-Quadratvolte gibt dem Pferd einen Rahmen und bietet Gleichmäßigkeit.*

Nachdem Ihr Pferd im Takt und losgelassen ist, wird es zunächst im Schritt, dann im langsamen Trab gerader.
Neue Bewegungen werden eingeübt und das angepasste Tempo ermöglicht dem Pferd, die Bewegungen zu automatisieren. Es erfolgt eine Selbstbelohnung des Körpers.

Das Pferd spurt nicht gerade. Durch ein zu hohes Tempo verstärkt sich die natürliche Schiefe.

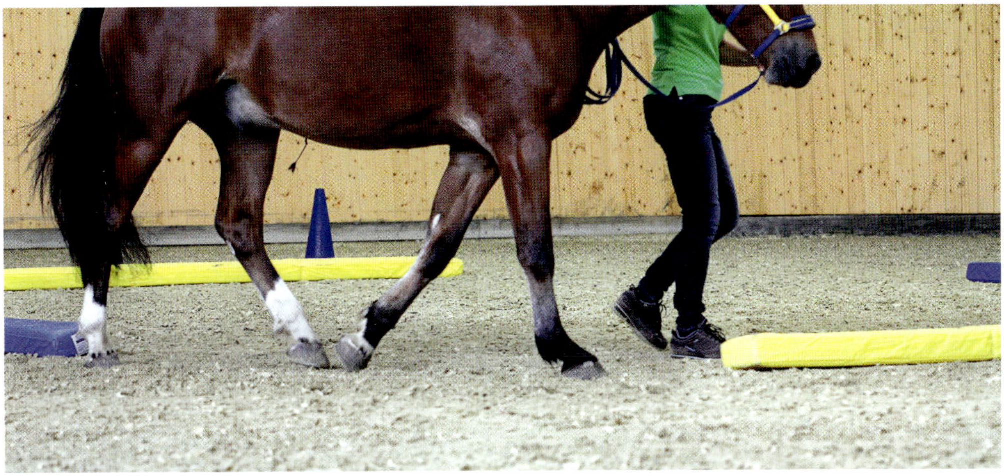

Ein gerade gerichtetes Pferd spurt mit den Hinterhufen in die Abdrücke der Vorderhufe. Ist das Pferd gerade, können Fehlbelastungen der Gelenke und Muskelverspannungen vermieden werden.

Kapitel 5
Beziehungstraining

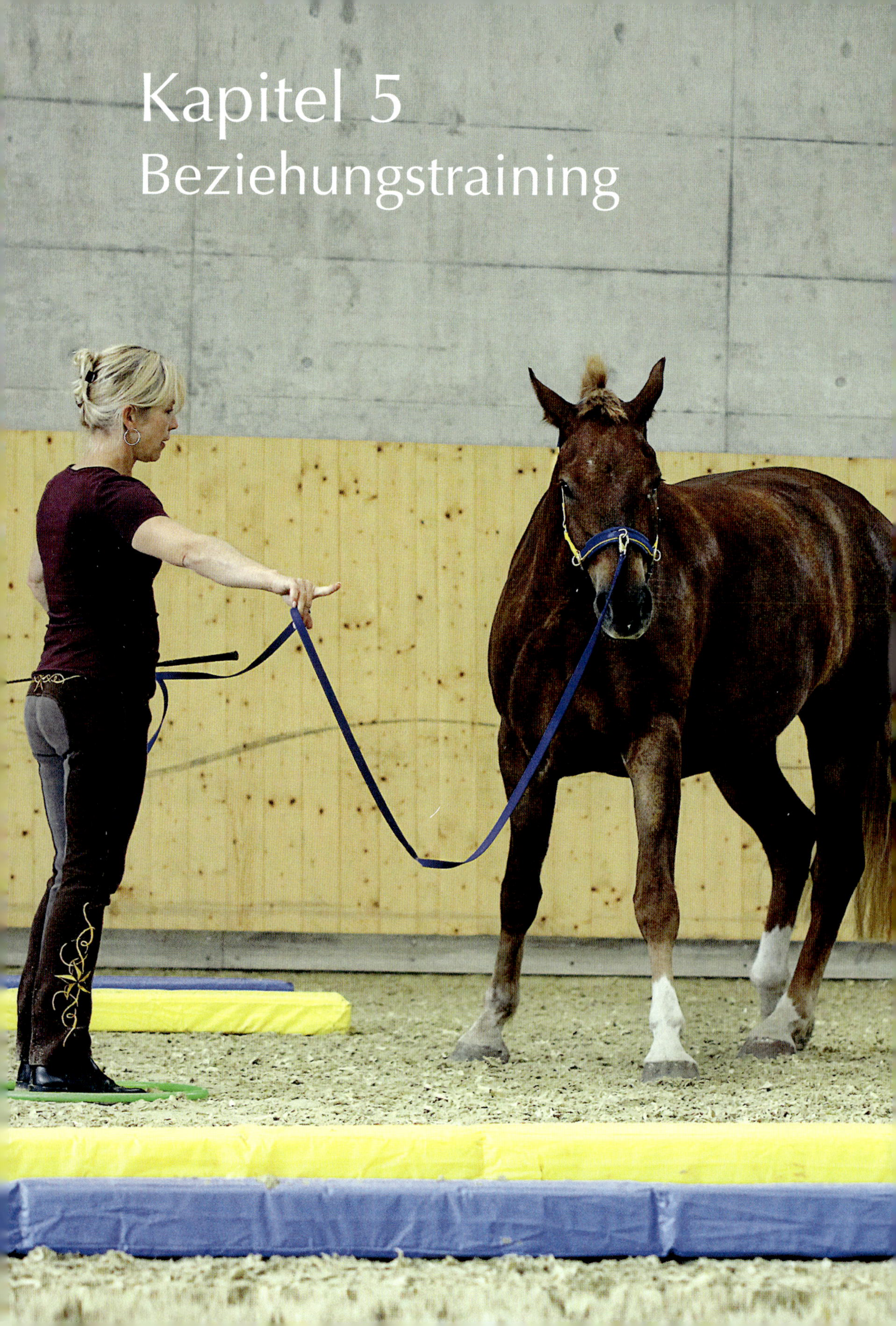

Ein schöner Nebeneffekt der Equikinetic ist, dass Pferde ruhiger werden und in Stresssituationen gelassener reagieren. So manches Problem, das man vorher mit seinem Pferd hatte, löst sich plötzlich in Luft auf. Pferde werden umgänglicher und lassen sich plötzlich brav von A nach B führen. Widersetzlichkeiten aller erdenklichen Art werden auf einmal weniger oder verschwinden ganz.

Die Equikinetic ist sicher kein Allheilmittel für sämtliche pferdischen Probleme dieser Welt, aber sie eröffnet Möglichkeiten, die Ihnen und Ihrem Pferd das Leben leichter machen.

Manche Pferde drängeln gerne über die Schulter herein und rempeln den Menschen regelrecht an. Scheuen Sie sich nicht, Ihrem Pferd klarzumachen, dass es das nicht darf, und setzen Sie ggf. Ihren Ellenbogen ein, um zurückzurempeln. Erhalten Sie sich Ihre Individualzone, die das Pferd respektieren sollte.

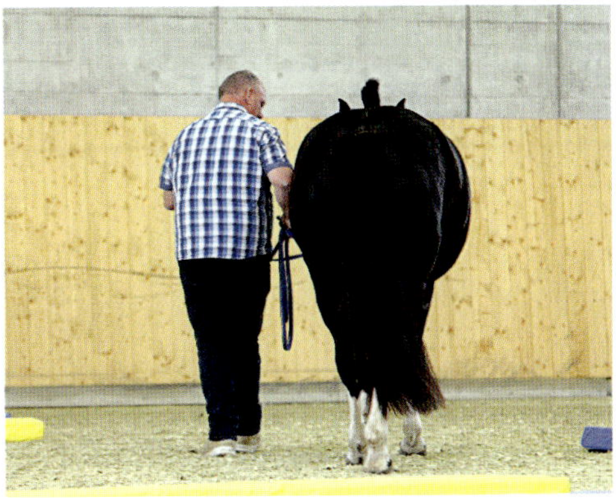

Wer bewegt wen?

Wer bewegt wen? – Beziehen Sie Position

Eine Komponente, die im Umgang mit einem Pferd den Ausschlag dafür geben kann, ob Sie eine gute Partnerschaft mit ihm pflegen, ist Ihre Postion. Fragen Sie sich am besten einmal selbst: »Wer bewegt wen?«
Während des Equikinetic-Trainings müssen Sie Position beziehen. Grundsätzlich begleiten Sie Ihr Pferd an der Schulter, um auf seine Stellung korrekt einwirken zu können. Damit Sie diese Stellung beibehalten können, haben Sie zwei Möglichkeiten. Entweder Sie passen sich dem Tempo Ihres Pferdes an oder Ihr Pferd passt sich Ihrem Tempo an.
Für Pferde ist das eine glasklare Sache. Bestimmt Ihr Pferd das Tempo, wird es auch die Führung übernehmen. In der Pferdewelt gilt: der, der bewegt, führt.

Wenn Sie Ihr Pferd in der Schulterposition haben, sorgen Sie dafür, dass es bei Ihnen bleibt. Entweder Sie animieren es schneller zu laufen, wenn es hinter Sie fällt oder bremsen es etwas ab, falls es vor Ihnen laufen möchte. Werden Sie nicht langsamer, um wieder auf Schulterhöhe Ihres Pferdes zu gelangen oder schneller, damit Sie mithalten können. Verzweifeln Sie nicht, es gibt Pferde, die fragen nach jedem zweiten Schritt nach, ob sie nicht doch eine gemächlichere Ge-

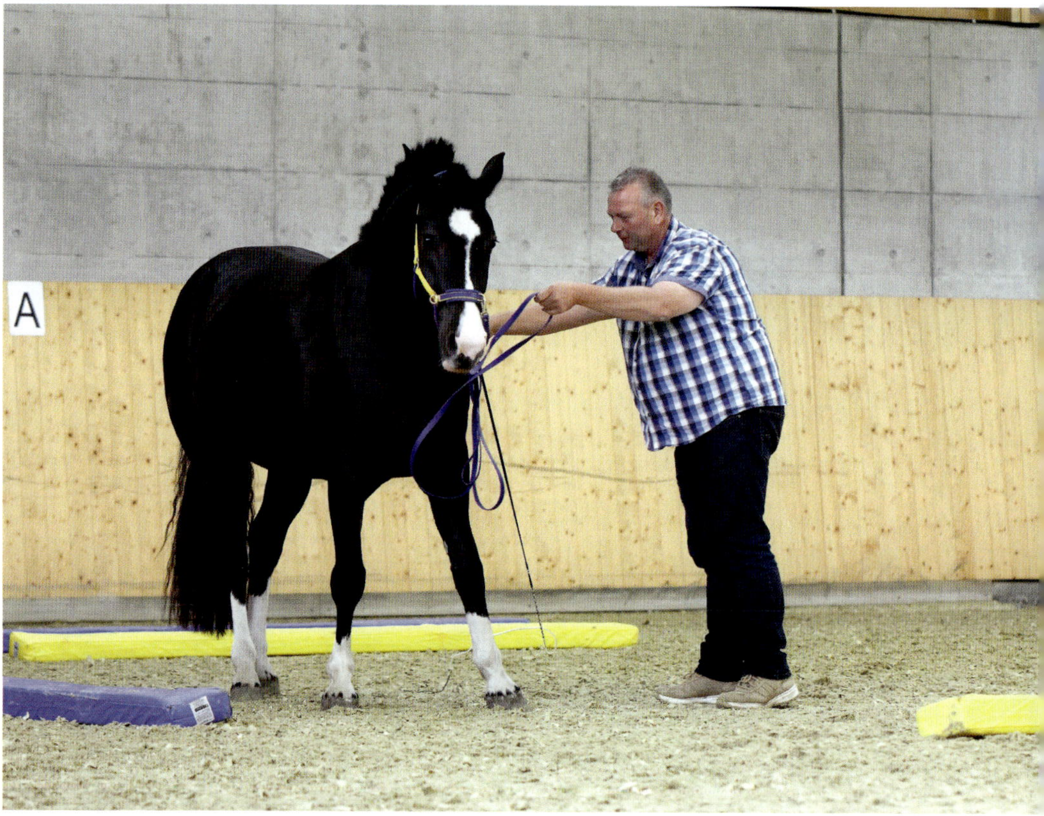

Lassen Sie sich vom Pferd nicht bewegen.

schwindigkeit gehen möchten und lassen sich zurückfallen. Die andere Variante wäre, sich Ihnen ständig zu entziehen und immer einen Tick schneller zu sein als Sie. Bleiben Sie konsequent und erinnern Sie Ihr Pferd daran, wo dessen Platz ist.

Der Handwechsel – mehr als nur die Richtung ändern

Ein eindeutiges Zeichen, dass Sie die Führung übernommen haben, ist der Handwechsel während der Equikinetic.

Sie stehen in der Mitte der Quadratvolte und lassen Ihr Pferd die Hand wechseln. Pferde haben ihre Lieblingsseite, auf der sie gerne laufen. Ein Wechsel auf die andere Seite bedeutet zunächst etwas Unbehagen. Da fragt das eine oder andere Pferd schon einmal nach, ob das wirklich ernst gemeint ist.

Manche Pferde versuchen sehr viel, um das zu verhindern, und fahren ein unglaublich breites Spektrum an Verhaltensweisen auf, um Sie zu bewegen bzw. sich selbst nicht bewegen zu lassen. Das Pferd dreht sich

Wenn das Pferd Sie während des Handwechsels anrempelt, möchte es damit seine Position festigen. Eine ganz klare Ansage an Sie Platz zu machen. Lassen Sie es nicht soweit kommen.

dabei beispielsweise frontal zu Ihnen und geht rückwärts, um den Abstand zu Ihnen noch etwas zu vergrößern, es kreist Sie ein und läuft um Sie herum, schlimmer noch, durch Sie hindurch, rempelt Sie an oder es bleibt wie angewurzelt stehen oder neigt zur Flucht. Verlieren Sie nicht die Geduld, und lassen Sie sich, so gut es geht, nicht bewegen.

Durch Führung zu Vertrauen

In einem Punkt sind uns Pferde sehr ähnlich, nämlich über nonverbale Körpersprache zu kommunizieren. Im Zusammenleben der Menschen wird die Rangordnung ebenso geregelt wie in einer Pferdeherde. Pferde haben ebenso wie Menschen die Fähigkeit, soziale Kompetenz anderer zu erkennen, nicht nur innerhalb der eigenen Art. Darauf zu achten, wer wen bewegt, verbessert die Beziehung zwischen Mensch und Pferd enorm und baut durch gute Führungsqualitäten Vertrauen auf. Soziale Hierarchie wird am besten nicht durch Gewalt geregelt, das führt nur zu Angst und Respektlosigkeit. Sie wird erzeugt durch die Qualität, den anderen sicher zu führen.

Pferde sind in der Lage, nicht nur ihre innerspezifische Sprache zu verstehen, sondern haben gelernt, auch die Verhaltensweise von uns Menschen zu verstehen und zu deuten. Allerdings in der Ursprünglichkeit der Kommunikation, nämlich wenn es darum geht, wer wen bewegt und beim Festlegen des sozialen Ranges. Dabei sind sie uns weit überlegen.
Pferde bewegen uns, ohne nachdenken zu müssen. Das ist ein innerer Überlebensinstinkt, der aufgrund der sozialen Lebensweise der Pferde sehr ausgeprägt ist. Der, der bewegt, führt, er trifft Entscheidungen und sichert somit das Überleben. Oft merken wir es nicht einmal, wenn wir von Pferden bewegt

Ist man in der Lage ein Pferd sicher zu führen, wird Vertrauen aufgebaut. Beängstigende Hindernisse sind dann auch kein Problem mehr. Wer führt, übernimmt die Verantwortung. Das lässt sich auf fast jede Alltagssituation übertragen, ob es nun beim Reiten oder im alltäglichen Umgang ist.

werden. Für das Pferd ist dann allerdings klar, wie hoch wir in unserem sozialen Status einzuschätzen sind.

Dass man mit Gewalt viel erzwingen kann, ist bekannt, aber da möchten wir ja nicht hin. Es ist im Grunde sehr simpel darauf zu achten, dass wir das Pferd bewegen und nicht das Pferd uns. Doch fällt uns genau das so schwer, weil wir ständig darüber nachdenken und uns darauf konzentrieren müssen.

Hier fängt die Pferdesprache an. Wenn wir darauf achten, wer wen bewegt, bilden wir eine grundsolide Basis, um eine vertrauensvolle Beziehung mit unseren Pferden einzugehen. Vertrauen uns Pferde nicht, ist alles, was wir ihnen beigebracht haben, nur so weit machbar, solange sie kein Problem damit haben. Der Arm der Dominanz reicht in Krisensituationen nicht mehr aus. Nur durch eine souveräne Führung bauen Sie Vertrauen auf und bieten Sicherheit an. Für Pferd und Mensch ist es wichtig, einen verlässlichen Partner an ihrer Seite zu haben.

Jedes Pferd hat ein Recht darauf geführt zu werden.

Balance und Koordination bestimmen das Verhalten eines Pferdes

Ob Ihr Pferd kooperativ oder widersetzlich ist hängt im Wesentlichen von dessen Selbstsicherheit ab. Sie sollten den Charakter eines Pferdes niemals beurteilen, bevor es nicht »laufen« gelernt hat. Für Buckeln, Steigen, Ausschlagen und Flüchten ist der Grund sehr häufig die Unsicherheit Ihres Pferdes. Durch fehlende Balance und schlechte Koordination denkt es, nicht mehr fliehen zu können. Zudem kann das Pferd sich von Ihnen noch daran gehindert fühlen, sich aus seiner unbehaglichen Situation zu befreien, wenn Sie es an der Longe haben oder draufsitzen.

Balance und Koordination zu verlieren bedeutet Stress. Hat das Pferd beschlossen, sich aus dieser misslichen Lage zu befreien, wird es nicht mehr auf Sie hören und nur weg wollen.

Je besser ein Pferd seine Balance gefunden hat, desto sicherer wird es in seinen Bewegungen. Equikinetic bietet Ihnen hier ein ideales Werkzeug, um Ihrem Pferd dabei zu helfen, im Gleichgewicht zu bleiben und auch in Stresssituationen gelassener zu reagieren.

Verlieren Pferde ihre Balance, werden sie körperlich unsicher. Sie sind zudem nicht mehr in der Lage zuzuhören.

EXTRA: ZESEL

Viele von Ihnen werden sich sicher noch an die kleine Zebra-Ponymixstute mit dem klangvollen Namen Zesel erinnern. Für alle Nicht-Insider eine kurze Erklärung zu dieser widerspenstigen Streifendame. 2003 gab es über neun Monate lang eine Trainingsgeschichte in der Pferdezeitschrift CAVALLO über sie. Die »kloane Drecksau«, wie ich sie mal liebevoll nannte, brachte mich damals an die Grenze meines Könnens. Ich denke, mehr als 100.000 Menschen haben Monat für Monat diese lustigen und spannenden Geschichten verfolgt. Das Ergebnis nach neunmonatigem Training konnte sich durchaus sehen lassen. Zesel ging mit mir einen kompletten Parcours in der Gelassenheitsprüfung und bestand diesen mit Bravour.

Nun lebt sie seit elf Jahren bei mir und es ist ruhig um die kleine Streifendame geworden, ganz vergessen haben sie viele Leser aber bestimmt nicht.

Es gibt keinen Kurs oder keine Messe, auf der ich nicht auf Zesel angesprochen werde. Zesel hat nur noch einen natürlichen Feind und das ist der Hufschmied. Ähnlich wie bei den Zebras im Zoo müssen wir, um ihre Hufe ausschneiden zu können, auf eine Sedierung zurückgreifen. Allein der Gedanke, ihr ein Bein aufzuheben, ließ in Zesel den Zebraanteil hervorkommen und sie verhielt sich äußerst unkooperativ.

Zesel in der Equikinetic.

Ein kleiner Fortschritt in all den Jahren war, dass wir Zesel nicht mehr in Narkose ablegen mussten, sondern eine sehr, sehr starke Sedierung ausreichte. Die Menge, die die knapp 1,20 m große Zebra-Mix-Dame abbekommt, lässt einen Kaltblüter wahrscheinlich zwei Tage lang schlafen, aber immerhin können wir so ihre Hufe bearbeiten.

Seit Mai 2014 arbeitet Rieke Kipping als Pferdepflegerin bei mir. Rieke hatte sich in den Kopf gesetzt, mit Zesel zu arbeiten. Zesel in der Equikinetic? Ein Ding der Unmöglichkeit, aber ich ließ es sie ausprobieren.

Ich war ehrlich erstaunt, als ich mir das Ergebnis ansah. Rieke hatte es tatsächlich geschafft, dass Zesel durch die Quadratvolte lief.

Als es ihr auch noch gelang, dieses sonst eher unkooperative Tier an die Doppellonge zu gewöhnen und durch einen Dual-Aktivierungsparcours zu bringen, wunderte mich gar nichts mehr.

Der Moment, in dem es mir die Sprache verschlug, war jedoch, als Rieke Zesels Vorderhufe aufheben und auskratzen konnte.

Ich habe schon etliche Erfolgsberichte von der Equikinetic erhalten. Es waren auch unglaublich viele Rückmeldungen dabei, die davon erzählten, wie sich die Beziehung zwischen Mensch und Pferd deutlich gefestigt und vertieft hat.

Wir hatten es über die Jahre immer wieder probiert, Zesel die Beine aufzuheben, aber diese Versuche hatten keinerlei Aussicht auf Erfolg. Natürlich hat sich Rieke unwahrscheinlich viel Zeit genommen, um dies mit Zesel zu üben, aber ich denke, zum Erfolg hat die Equikinetic sicher einen großen Teil beigetragen.

Eine verbesserte Balance und Koordination und das deutlich andere Verhältnis zum Menschen hat diese unglaubliche Wandlung möglich gemacht. Ich bin mir sicher, dass wir bald auf den Tierarzt verzichten können, wenn die Hufe von Zesel gemacht werden müssen. Das wäre eine ganz große Erleichterung für alle Seiten und würde fast schon an ein Wunder grenzen.

Equikinetic ist mehr als ein reines Muskelaufbauprogramm. Die erstaunlichste Verhaltensänderung brachte wohl Zesel hervor. Hufe auskratzen scheint unspektakulär, doch wer die Geschichte der Zebra-Pony-Dame kennt, weiß, dass man sie für die Hufbearbeitung in Vollnarkose legen musste. Nach sechs Wochen Equikinetic lässt sich Zesel die Hufe bearbeiten!

Zesel verstarb 2017 an Altersschwäche. Ihre lustigen Geschichten werden sicher vielen Pferdefans in Erinnerung bleiben.

Kapitel 6

Equikinetic – Anstrengung für Körper und Geist

Die Komfortzone des Pferdes

Das Komforttempo ist die Geschwindigkeit, die Ihr Pferd wählt, um in der Quadratvolte am besten durchzukommen. Entweder Ihr Pferd läuft in Zeitlupe durch, strengt sich nicht an und die Hinterbeine treten null Komma null auch nur in die Nähe der Spuren des Vorderhufes oder es rennt. Dieses »Sich-kaum-bewegen-Wollen« dürfen Sie nicht unbedingt als Faulheit auslegen. Es hat in der Regel mehrere Gründe.

»Schleichpferde« haben oft das Problem, dass sie einfach zu wenig Kraft haben, um sich dynamisch-kraftvoll zu bewegen. Die Bewegungen der Hinterhand laufen nach oben und hinten hinaus, statt dass die Hinterbeine nach vorne über die Spuren der Vorderbeine treten. Die Folge davon ist, dass die obere und untere Verspannung (siehe Kapitel Anatomisches Hintergrundwissen, Seite 53) nicht wirklich effektiv zusammenarbeiten können. Pferde haben sich dieses Bewegungsmuster angewöhnt, da kommt der Energiesparer durch. Zudem haben sie meist Schwierigkeiten mit Balance und Koordination und kaschieren es mit »Slow Motion«.
Nicht alle Pferde reagieren gleichermaßen auf Gleichgewichtsprobleme. Sie sind unkoordiniert, unausbalanciert und schief. Manche haben Sorgen, dass sie die Balance nicht halten können. Sie bekommen als Fluchttiere Angst hinzufallen. »Worst case« für Ihr Pferd. Was machen Pferde, wenn sie Angst haben? Sie flüchten.

Es sollte gewährleistet sein, dass Sie Ihr Pferd in einem gleichmäßigen Tempo, das es noch halten kann, ohne komplett schief zu werden, durch die Quadratvolte longieren können. Hat es das Gleichgewicht in Innenstellung gefunden, darf daran gearbeitet werden, die Hinterhand aktiver werden zu lassen. Also: Bitte das Pferd nicht im Renntrab durch die Quadratvolte schicken. Achten Sie darauf, dass Ihr Pferd, auch wenn es die langsame Variante bevorzugt, ein fleißiges, im Takt erarbeitetes Tempo hält.

Tempo ist nicht unbedingt mit Fleiß gleichzusetzen. Eine fleißige Hinterhand tritt unter. Läuft das Pferd nur schneller, kann es zwar seine Schrittlänge erweitern, es läuft aber nicht zwangsläufig mit aktiver Hinterhand über den Rücken. Auch eine nächsthöhere Gangart kann eine Komfortzone für Ihr Pferd sein. Fleißiger Schritt und Trab sind Energie zehrend und verlangen, dass das Pferd sich anstrengt.

Da Pferde nun einmal »energietechnisch« versuchen, an allen Ecken und Enden zu sparen, wechseln sie gerne in die nächst höhere Gangart, da diese dann weniger anstrengend ist.

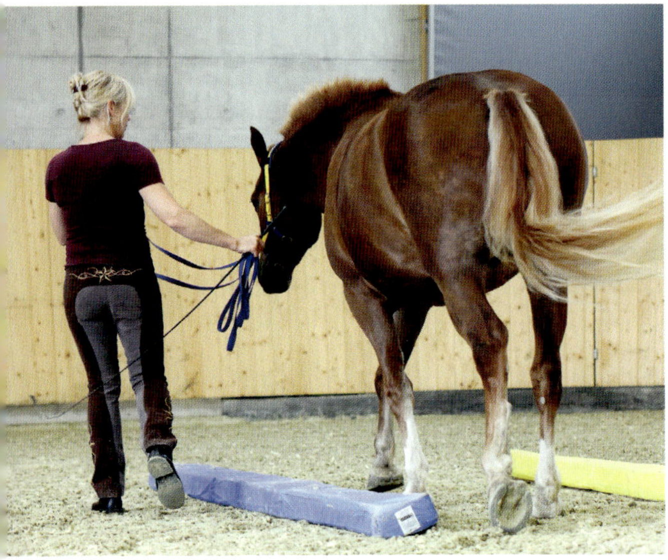

Einige Pferde versuchen, ihr mangelndes Gleichgewicht durch ein langsames Tempo zu kompensieren, ...

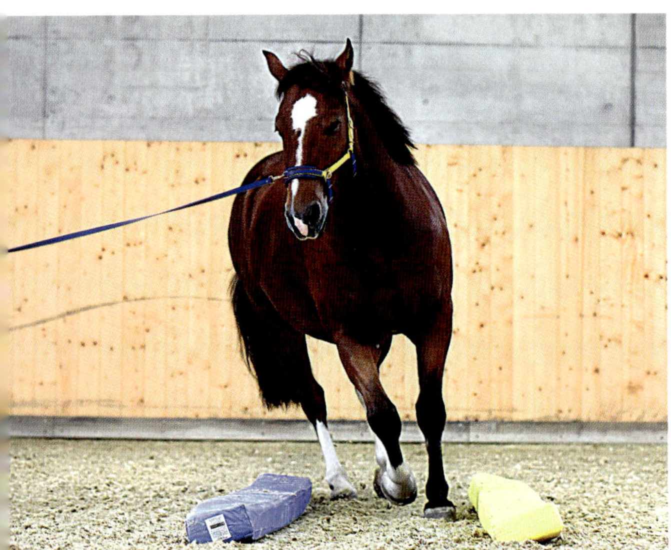

... andere wollen es mit Tempo ausgleichen, was sie oft in eine Schräglage bringt.

Ein fleißiger Schritt ist für sie noch anstrengender als ein lockerer Trab.

Dass Pferde kaum vom Fleck gelangen und sehr sparsam mit dem Einsatz ihrer Hinterhand sind, kann rassebedingt sein. Rassen, die ursprünglich dazu gezüchtet wurden, Arbeiten zu verrichten, etwa Holz aus dem Wald zu ziehen oder Äcker umzupflügen, haben zwar enorme Muskeln an der Hinterhand angelegt, jedoch sind diese bei den heutigen Vertreten dieser Rassen (moderne Freizeitpartner) kaum noch im Einsatz. Diese Pferde haben nicht die Schrittweite eines Warmblüters, dessen Zuchtziel einmal darin bestand, einen Soldaten möglichst schnell von A nach B zu tragen. Das Gleiche gilt für Quarter und Co. Sie kommen bereits als bepackte Muskelpakete zur Welt, jedoch muss diese Muskulatur auch gefördert werden. Die Quarterzucht hat ihren Ursprung bei den spanischen Pferden. Diese waren Arbeitspferde, sie mussten ihre Arbeit an Rindern verrichten, schnell und wendig sein. Eine schwungvolle Gangart wäre da eher hinderlich gewesen. Zudem mussten die »Cowboy-Pferde« ihre Reiter über lange Strecken bequem tragen können und energiesparend laufen. Das heißt jedoch alles nicht, dass auch diese Rassen nicht fleißig und aktiv in der Hinterhand sein können, es ist reine Trainingssache.

Komfortzonen-Fanatiker

Pferde bevorzugen immer das Tempo, in dem sie sich am wohlsten fühlen. Dies zu verlassen, verlangt vom Pferd neue Bewegungsmuster. Pferde sind wie wir Menschen »Gewohnheitstiere«. Hat sich ein Tempo bewährt, langsam oder schnell, um um die Kurve zu kommen, werden sie dieses Bewegungsmuster immer bevorzugen. Durch die korrekte Stellung und dadurch die erforderliche Biegung lernen Pferde, sich in der Equikinetic geradezurichten und auszubalancieren. Sie entwickeln die nötige Kraft und koordinieren nicht nur die große Tragemuskulatur, sondern auch die ganzen kleinen Muskeln, die wie in einem Uhrwerk ihre Rolle erfüllen. Das ist die Voraussetzung, damit die Muskelketten reibungslos zusammenarbeiten können. Dadurch fühlen sie sich sicherer und sparen Energie. Durch die effizientere und ökonomisch sinnvolle Art, sich um eine Kurve zu bewegen, erfolgt eine Körperbelohnung. Jede Bewegung fällt Pferden nun leichter und sie sind bemüht, diesen Zustand wiederherzustellen. Pferde haben Freude an der Bewegung und sie werden gerne und willig mitarbeiten.

Pferden fehlt das Verständnis dafür, dass ein anstrengendes Training gut für ihre Gesundheit ist. Untrainierte Pferde versuchen anfangs, sich der Anstrengung immer wieder zu entziehen. Es ist Ihre Aufgabe, sie zu motivieren und zu animieren, mehr Leistung zu erbringen. Je besser Pferde bemuskelt und koordiniert sind, desto leichter bewältigen sie den Weg ihrer Ausbildung.

Die Einsicht fehlt ...

Was uns wesentlich von einem Pferd unterscheidet ist die Einsicht oder das Verlangen, etwas für die Gesundheit und den Muskelaufbau zu tun. Pferde leben im Hier und Jetzt. Ihnen ist es vollkommen egal, ob sie zu dünn oder zu dick sind. Das Heu schmeckt und Ihr Pferd frisst gerne. Durch die mangelnde Bewegung wird das Pferd immer träger. Es scheint sich aber in seiner Rolle wohlzufühlen und passt sich an.

Auch Pferde haben einen inneren Schweinehund. Er macht sie genauso wie Menschen faul und träge. Beim Pferd ist dieses teuflische Etwas sogar noch ausgeprägter als bei uns. Der Gegenspieler, der den inneren Schweinehund bekämpft, ist bei uns besser entwickelt.

Aus evolutionsgeschichtlicher Sicht war dieses Gefühl faul zu sein und nichts zu tun, sicher sehr von Vorteil. Nahrungsressourcen waren für das Pferd oft nur spärlich vorhanden. Als Dauerfresser und aus Energiespargründen wäre es regelrecht dumm gewesen, Kalorien zu vergeuden. Der Körper legt bei einem Überangebot von Futter Fettreserven an und diese schützen den Körper vor Kälte und dienen als Energiereserve.

Das moderne Pferd lebt allerdings nicht mehr auf kargen Steppen. Es lebt im Heu- und Kraftfutter-Paradies, ganz nach dem Motto »all you can eat«. Nahrungsbeschaffung wurde dem Pferd vom Menschen abgenommen, aber weder der Stoffwechsel, noch das Gehirn haben sich den relativ neuen Begebenheiten angepasst.

Gehirne neigen dazu, kurzfristige Belohnungen langfristigen Vorteilen vorzuziehen. Der momentane Zustand für das Pferd, also genug zu fressen, ein wohliges Gefühl, sich nicht zu bewegen und keinen Stress zu haben, scheinen ihm angenehm und es möchte daran nichts ändern. Zudem weiß das Pferd im Gegensatz zu uns Menschen auch nicht, dass es besser wäre, weniger zu fressen und sich mehr zu bewegen. Für ein Pferdegehirn ist das gänzlich sinnlos.

Schuld daran sind zwei Abschnitte im Gehirn: das limbische System und der präfrontale Cortex. Das limbische System, ein sehr alter Teil des Gehirns, verarbeitet Sinneseindrücke und ist für impulsive, unbewusste Handlungen zuständig. Der präfrontale Kortex ist dafür zuständig, langfristig zu planen und Situationen neu zu bewerten oder etwa für das Lösen von neuen Problemen aufgrund bereits gemachter Erfahrungen. Beim Menschen ist dieser stammesgeschichtlich jüngste Teil des Gehirns einzigartig ausgeprägt und spielt eine weit größere Rolle als beim Pferd.

Diese beiden Systeme konkurrieren beim Menschen, wenn es um die Wahl von Sofa und Sport geht. Meistens gewinnt das limbische System, welches die Couch bevorzugt, obwohl der präfrontale Cortex mit Sport gesundheitlich, längerfristig gesehen, die besseren Argumente hätte.

Beim Pferd stellt der präfrontale Cortex die Frage erst gar nicht, ob es nicht besser wäre, weniger zu fressen und sich mehr zu bewegen. Das Dumme an der ganzen Sache ist, je weniger Bewegung das Pferd hat, desto mehr wird es zur Gewohnheit, sich nicht zu bewegen.
Gehirnzellen verknüpfen sich anfangs bei der Entscheidung, sich weniger zu bewegen, zu kleinen Wegen. Je häufiger das Pferd steht, desto besser bilden sich diese neuronalen Verbindungen zu Highways aus und festigen die Gewohnheiten.
Die gute Nachricht: Man kann diese Gewohnheiten durchbrechen. Durch Equikinetic wird der Pferdekörper besser koordiniert, Muskeln wachsen und das Pferd gewinnt an Kraft. Je besser es geradegerichtet ist, desto mehr belohnt sich der Körper durch den ökonomischen Gang selber. Durch die Regelmäßigkeit des Trainings entstehen neue Gewohnheiten, die wiederum gefestigt werden. Bewegungen fallen dem Pferd wieder deutlich leichter und dadurch wird es lauffreudiger. Neue Wege, Straßen und Autobahnen werden im Gehirn gebaut, allerdings transportieren diese jetzt das gute Gefühl, sich zu bewegen. Kurz: Ihr Pferd arbeitet gerne mit, da ihm Bewegung wieder zum Bedürfnis geworden ist.

Ihr Pferd wird sich auch nicht denken, dass es zu dünn ist und unbedingt etwas für die Muskulatur tun muss, damit es Sie tragen kann. Ich habe noch nie ein Pferd gesehen, welches auf der Koppel bewusst etwas für seine Tragemuskulatur getan hat oder, um seine Hinterhandaktivität zu steigern, Übungen in den Tagesablauf eingebaut hat. Als Jungpferde spielen sie noch um Koordination und Kraft aufzubauen, aber bei erwachsenen Pferden werden diese Spiele immer seltener. Pferde sind nicht ohne Grund Energiesparer. Weite Steppen und spärliche Vegetation zwangen sie, sich 50 Millionen Jahre daran anzupassen. Nur diejenigen, die daran angepasst waren, überlebten. Seit ihrer Domestizierung haben Pferde andere Aufgaben. Sie wurden als Arbeitstier, beim Militär und am königlichen Hofe als Statussymbol eingesetzt. Kein König hätte sich ein dickes Pferd gehalten. Um Äcker zu pflügen brauchten Pferde Kraft und hochwertiges Futter, denn sie mussten den ganzen Tag arbeiten. Um vom Militär eingesetzt zu werden, war es überlebenswichtig, gesunde und einsatzbereite Pferde zu haben. Der Mensch hat seit jeher dafür gesorgt, dass Pferde auch körperlich ihren Aufgaben gewachsen waren. Ausbildung war teuer und Pferde sollten möglichst lange leben. Eine ganze Armada stand bei Hofe und beim Militär bereit, um Pferde auszubilden und für deren Wohlergehen zu sorgen. Die Rolle des Pferdes hat sich geändert, heutzutage sind sie vorwiegend Freizeitpartner. Eines aber ist geblieben: Damals wie heute sind Menschen dafür verantwortlich, dass Pferde den Aufgaben, die sie zu erfüllen haben, gewachsen sind. Einst waren es die Rittmeister, heute sind Sie es.

Körperliche Voraussetzung – Arbeit ist anstrengend

Sie sind der Personal Trainer Ihres Pferdes und dieses möchte seine Komfortzone nur ungern verlassen. Um noch einmal 5 cm weiter unter den Schwerpunkt zu treten, benötigt es Training, von alleine macht es das nicht. Ein Pferd tritt mit den Hinterbeinen soweit unter, wie es angenehm ist. Zwickt es, da Muskelarbeit anstrengend ist, meidet es diese Bewegung.

Je besser Sie Koordination und die Balance Ihres Pferdes trainieren, desto deutlicher senkt sich der benötigte Energieverbrauch. Ein Beispiel: Ein schlecht koordiniertes und wenig ausbalanciertes Pferd wird schon nach ein paar Runden anspruchsvollem Training Ermüdungserscheinungen zeigen. Es ist nur noch mit großem Aufwand möglich, die geforderten Aufgaben zu meistern. Die Folge sind Verspannungen, Taktverlust und Unwilligkeit, bis hin zur Widersetzlichkeit.

Es ist noch kein Olympiapferd vom Himmel gefallen und nicht jedes Pferd bringt die Qualifikation mit, eines zu werden Dennoch ist es unsere Pflicht dafür zu sorgen, dass unser Pferd gesund bleibt und durch eine gute Ausbildung in der Lage ist, einen Reiter zu tragen. Basisarbeit ist unspektakulär und der Anfang ist nicht immer leicht. Durch einen konsequenten Trainingsplan werden Sie bald feststellen, dass es Ihrem Pferd immer leichter fällt, sich zu stellen, zu biegen und die Balance zu halten. Ein gut trainiertes, bemuskeltes und gesundes Pferd ist keine Hexerei, um da hinzukommen muss man auch keine besonderen Talente besitzen, es benötigt nur Arbeit.

In der Equikinetic verbessern die Pferde Vor- und Hinterhandkoordination, Rumpf und Becken werden stabilisiert und die Lastdauer der Hinterhand wird erhöht. Pferde finden ihr Gleichgewicht und sie sind dann auch besser in der Lage, dieses neu gewonnene Körpergefühl auf andere Lektionen zu übertragen.

Equikinetic wirkt sich positiv auf die Koordination und die Basiskraft durch Muskelzuwachs aus und fördert die Balance und Tragkraft. Dies erlaubt dem Pferd, auch andere Aufgaben, egal welcher Disziplin, mit weniger Aufwand zu meistern.

Sie sind der Fitnesscoach und müssen Ihr Pferd dazu animieren, körperliche Leistung zu bringen. Die Equikinetic bietet hier ein sinnvolles Training, um es zu motivieren und pferdegerecht mit ihm zu arbeiten.

Faktor Zeit – Vorhersehbarkeit

Pferde haben ein unglaublich gut ausgeprägtes Zeitgefühl. Das Intervalltraining, mit dem wir bei der Equikinetic arbeiten, bietet gleich mehrere Vorzüge. Ein unschätzbarer Vorteil, denn das Training wird für Ihr Pferd vorhersehbar.

Lassen Sie uns mal einen kleinen Abstecher ins Fitnessstudio machen. Ihr Personaltrainer quält Sie gnadenlos mit Übungen, die Sie im Leben nicht machen würden, wenn Sie nicht die nötige Motivation dazu hätten. Sei es nun aus gesundheitlichen Aspekten oder Sie wollen einfach etwas für Ihre Figur tun. Ein unschlagbares Hilfsmittel, das Ihnen dabei hilft, die Anstrengung durchzuhalten, ist die Uhr. Es gibt in solchen Situationen fast nichts Schlimmeres, als nicht zu wissen, wie lange wir uns noch anstrengen müssen. Sie wissen aber ganz genau, nach einer Stunde sind Sie fertig und die »Schinderei« hat ein Ende.

Pferden muss es oft so ergehen. Eine Reitstunde dauert normalerweise 45 Minuten. Natürlich wird hier auch nicht die volle Zeit gearbeitet. Häufig ist es so, dass diese Stunde nicht nach dem Geschmack des Reiters verläuft; also hängt man schon mal eine viertel Stunde hinten dran. Das Pferd war etwa widersetzlich, der Galopp hat nicht funktioniert oder einfach, weil es sich nicht so anfühlt, wie es sich anfühlen sollte. Letztendlich muss der Reitlehrer noch mal drauf, um dann die letzte Stunde zu korrigieren, was natürlich auch wieder Zeit benötigt.

Ihrem Pferd fehlt zunächst die Einsicht, dass die Arbeit, die wir machen, für dessen Gesundheit wichtig ist. Leider können wir das dem Pferd auch nicht erklären. Aber wir können ihm die Anstrengung vorhersehbar machen. Dank seines ausgezeichneten Gefühls und seines ausgeprägten Zeit-Gedächtnisses weiß das Pferd nach maximal einer halben Stunde: Equikinetic ist zuverlässig.

Pferde haben es nicht eilig, sie stehen auch nicht wie wir hin und wieder unter Zeitdruck, dennoch haben sie ein unglaublich gutes Zeitgefühl und Zeitgedächtnis. In der Equikinetic wird die Zeit einer Einheit für das Pferd vorhersehbar.

Die Sache mit dem Pieps

In der Equikinetic wird die Gesamttrainingszeit festgelegt. Außerdem wird das Training in Intervalle unterteilt. Es gibt eine Arbeits- und eine Pausenphase. Nach maximal einer Minute folgt immer und zuverlässig eine Arbeitsunterbrechung. Pferde erkennen dieses System recht schnell. Um mit einem solchen Zeitsystem besser arbeiten zu können, benötigen wir ein akustisches Signal. Es gibt mehrere Arten von Zeitmessern. Entweder ein extra Gerät (z. B. den GymBoss) oder Sie laden sich eine App aufs Handy (siehe Abschnitt Intervalltrainer).

Die Zeitmesser leiten mit einem Ton die Arbeitsphasen und die Pausen ein. Egal ob Sie nun einen GymBoss oder eine App verwenden, Pferde werden schon nach ein paar Einheiten Equikinetic auf diesen Pieps konditioniert. Nach der anstrengenden Arbeitsphase ertönt der erlösende Pausenton. Er ist eine positive Konsequenz für die Pferde, die manchmal regelrecht süchtig nach dem Ton werden, da dieser einen belohnenden Charakter hat. Das Pferd erwartet ihn, da er die Pause als Belohnung für die Arbeitsphase einleitet. Pause und Signalton werden miteinander verknüpft. Dabei spielt ein Gehirnbotenstoff – das Dopamin – eine nicht unerhebliche Rolle. Dopamin wird auch der Botenstoff der Vorfreude genannt, da das Pferd nach der Arbeitsphase die Pause als Belohnung erwartet. Dieser Neurotransmitter belohnt und macht süchtig. Das Pferd ist bemüht, das gute Gefühl, das die Pause vermittelt, wiederherzustellen. Dopamin dient also auch als Motivator. Das Pferd verknüpft zwei Ereignisse, die zunächst nicht im Zusammenhang stehen. Piepst Ihr Intervalltrainer, ist das erst einmal ein neutraler Reiz. Erst wenn es erfasst, dass dieser Ton mit der Pause in Zusammenhang steht, gewinnt er an Bedeutung. Das Gleiche gilt für die Arbeitsphase. Der Zeitmesser leitet diese ebenso ein wie die Pause. Ihr Pferd weiß, ertönt das Signal noch mal, startet die Arbeitsphase erneut. Die ganze Equikinetic-Einheit wird zuverlässig über Zeiteinheiten mit »Ansage« strukturiert.

Der kontinuierliche Rhythmus der Equikinetic bietet Ihrem Pferd einen sicheren Rahmen.

WISSENSWERTES

Haben Pferde das System Equikinetic durchschaut, *kann es passieren, dass sie schon Augenblicke oder Sekunden vor dem Pieps die Pause einleiten und ihre Gangart verlangsamen. Andere Pferde wiederum starten kurz vor dem Signal, das die Arbeitsphase einleitet. Es liegt an Ihnen, das zu kontrollieren. Stellen Sie beispielsweise Ihren Zeitmesser anstatt auf 60 Sekunden der Arbeitsphase auf 65 Sekunden. Bei der nächsten Arbeitsphase wechseln Sie dann auf 55 Sekunden. Das Ziel ist, Ihr Pferd wirklich auf das Signal zu konditionieren. Damit tricksen Sie es etwas aus. Pferde haben ein derart gutes Zeitgefühl, dass sie oft schon vor Beginn der Pause langsamer werden. Damit die ganze Arbeitsphase auch durchgängig genutzt werden kann, sollte das Pferd auf den Ton getrimmt werden. Es zeigt aber, wie gut sich Pferde darauf einstellen und damit umgehen können.*

Konzentration – Aufmerksamkeit

Pferde können sich nicht allzu lange konzentrieren. Das heißt, ihre Fähigkeiten, die gebündelte Aufmerksamkeit auf eine bestimmte Tätigkeit zu richten, fällt ihnen über einen längeren Zeitraum schwer. Sie lassen sich leicht ablenken und viele Faktoren entscheiden darüber, ob und wie lange diese Konzentration anhält.

Es gibt viele Faktoren, die zur Unaufmerksamkeit führen, sicherlich spielt die körperliche Fitness eine Rolle, die Motivation, die Umgebung und es gibt sicherlich noch einiges mehr, was das Verhalten beeinflusst. Jungpferde haben oft noch große Schwierigkeiten, sich länger zu konzentrieren.

Jeder möchte während einer Trainingseinheit natürlich die volle Aufmerksamkeit seines Pferdes. Das Pferd soll »bei ihm sein«. Bei manchen ist das schwierig, denn es scheint eher Cola als Blut in ihren Adern zu fließen. Sie sehen und hören vieles, blenden den Menschen aus, der dann eher eine Begleiterscheinung, denn ein Akteur ist.

Auf der anderen Seite ist es auch für das Pferd schwierig, sich zu konzentrieren, wenn es merkt, dass die Trainingseinheit damit beginnt, dass sein Mensch wieder einmal nicht bei der Sache ist.

Gegenseitige Aufmerksamkeit ist die Grundvoraussetzung im Training.

Bei Menschen unterscheiden Psychologen zwischen zwei kognitiven Systemen. (K. Stanovich/R. West) Ein schnelleres, unwillkürlich müheloses System, das »Schnelldenken« erfordert, und ein langsameres System, welches bewusste Konzentration verlangt. Das erste System springt an, wenn wir beispielsweise ein lautes Geräusch hinter uns hören und wir automatisch den Kopf in diese Richtung wenden, um zu sehen, was da passiert ist. Das zweite System erfordert mehr Aufmerksamkeit auf das Geschehene, wir müssen langsam denken, um z.B. eine Rechenaufgabe zu lösen. Dazu muss man sich konzentrieren, was nur gelingt, wenn man dazu bereit ist und sich davon (z. B. vom ersten System) nicht ablenken lässt. Denkt der Mensch langsamer und konzentriert er sich völlig auf eine Aufgabe, ignoriert er Störungen von außen und bemerkt sie nicht einmal. Das wurde wissenschaftlich nachgewiesen. Beim Pferd scheint das nicht anders zu sein. Haben wir das Pferd »bei uns«, konzentriert es sich auf seine Aufgabe und nimmt Störungen von außen kaum noch wahr.

Wie bekommen wir diese Konzentration? Richten Sie Ihre Aufmerksamkeit auf Ihr Pferd und nur auf Ihr Pferd. Dann können Sie auch sofort reagieren und die Aufmerksamkeit wieder »zu sich holen«. Haben Sie ein Pferd, das sich sehr schnell ablenken lässt, versuchen Sie durch Tempiwechsel, also mal etwas schneller gehen und dann das Tempo wieder reduzieren, seine Aufmerksamkeit zu steigern.

Durch die Quadratvolte haben Sie einen klar vorgegebenen Weg. Pferde werden Störungen von außen eher ausblenden und lernen, sich zu konzentrieren. Damit Ihr Pferd überhaupt in der Quadratvolte bleibt und gestellt und gebogen um die Kurve kommt, ist dessen Aufmerksamkeit unabdingbar. Der Lerneffekt wird auf diese Weise erhöht. Das Intervalltraining der Equikinetic bietet zur Erholung und zum Schutz gegen Überforderung zusätzliche effektive Minipausen.

Ein guter Indikator, ob Sie die volle Aufmerksamkeit Ihres Vierbeiners genießen, ist das zu Ihnen gewandte innere Ohr. Aber nicht nur das Pferd, auch der Mensch muss sich konzentrieren. Es fängt bei der Equikinetic schon damit an, dass Sie Longe und Touchiergerte richtig einsetzen.

Sie müssen darauf achten, dass das Pferd immer in Schulterposition läuft. Haben Sie die erforderliche Körperhaltung? Ist Ihr Pferd zu schnell? Zu langsam, im Takt? Tritt es unter? Hat es die richtige Innenstellung?
Sie sind es, der ein Pferd sicher durch die Quadratvolte führen muss. Ständig ist darauf zu achten, dass es aufmerksam läuft. Haben Sie das innere Ohr oder lässt es sich ablenken? Und das alles auf einmal. 12 Arbeitseinheiten, je eine Minute lang. Dazu müssen Sie einfach voll und ganz bei der Sache bzw. bei Ihrem Pferd sein. Auch Sie werden die Pausenphasen begrüßen, um kurz durchzuatmen.
Bei einer konzentrierten Einheit Equikinetic, werden Sie die Welt um sich kaum noch wahrnehmen.

Gute Pferdeausbilder, egal in welcher Sparte diese unterwegs sind, verbindet eine Gemeinsamkeit. Wenn sie mit einem Pferd arbeiten, dann sind sie vollkommen beim Pferd und nirgends anders. Beobachtet man ihre Arbeit, liegt die Konzentration beim Pferd und nichts und niemand kann sie ablenken. Pferde genießen die volle Aufmerksamkeit guter Ausbilder, weil diese genau wissen, wie wichtig das ist. Diese Scheibe dürfen Sie sich gerne abschneiden und in Ihren Alltag einbauen.

Ihr Pferd merkt natürlich, wenn Sie aufmerksam sind. Auch für eine Pferd-Mensch-Beziehung gilt: Wenn Sie Ihren Partner Pferd nicht beachten, ist das ein Beziehungskiller. Kommunikationsprobleme sind dann unausweichlich und Missverständnisse vorprogrammiert.
Wenn es Ihnen gelingt, sich während einer Equikinetic-Einheit völlig auf Ihr Pferd zu konzertieren, ist das schon der halbe Weg zum Erfolg.

WISSENSWERTES

Versuchen Sie die Aufmerksamkeit Ihres Pferdes zu erlangen. *Sollte es z. B. etwas Interessantes von außen hören, das wieder einmal viel spannender ist als das, was Sie von Ihrem Pferd verlangen, machen Sie es mit einem Impuls an der Longe oder mit einem Stimmkommando augenblicklich wieder auf sich aufmerksam. Sonst werden Sie ein Pferd haben, das seine eigenen Wege durch die Trainingseinheit sucht. Fordern Sie wirklich bei der kleinsten Ablenkung die Aufmerksamkeit wieder ein und seien Sie konsequent.*

Manchmal kann dies recht mühsam sein, besonders bei etwas »aufgedrehten« oder jungen Pferden. Es lohnt sich. Sie werden bald ein Pferd bekommen, das ganz bei Ihnen ist und Ihnen zuhören wird. Das ist die Voraussetzung um zu lernen.

Ihrerseits ist Konzentration allerdings genauso wichtig. Bitte, lassen Sie Ihren Alltag sonstwo, aber nehmen Sie ihn nicht in die Quadratvolte mit. Konzentrieren Sie sich auf Ihr Pferd und auf die Arbeit mit ihm.

Warum Equikinetic so anstrengend ist

Sie können sich nicht vorstellen, dass maximal eine halbe Stunde Equikinetic alle 48 Stunden ausreicht, damit Ihr Pferd genügend Muskulatur aufbauen kann und fit bleibt?

Die Equikinetic ist ein Muskelaufbauprogramm, das beinhaltet auch, dass die Belastungsintensität individuell nach Pferd gesteigert wird. Sie beginnen mit 8 Arbeitsphasen, jede Phase dauert eine Minute. Anfangs 8 Minuten, dazwischen 48 Stunden Pause sollen anstrengend sein?

Es ist eine ungewohnte Arbeit für Ihr Pferd. Eine Minute in gleichmäßigem und fleißigem Tempo sowie in korrekter Innenstellung und Biegung zu laufen, strengt die Muskulatur auf eine ungewohnte Weise an. Dabei muss Ihr Pferd noch voll konzentriert bei der Sache sein! Pferde spüren die berühmten Muskeln, von denen sie bisher nicht wussten, dass es sie gibt.

Oftmals ist es so, dass unbewusst auf der »guten Seite« des Pferdes gearbeitet wird, da es auch für den Menschen angenehmer ist, denn es funktioniert alles reibungsloser. Ist der Mensch nicht konzentriert bei der Sache, fällt ihm das oft gar nicht auf. Bei der Equikinetic werden Pferde auf beiden Seiten gleichmäßig durchgearbeitet. Jeder einzelne Muskel kommt zum Einsatz. Sehnen, Bänder und Faszien werden trainiert und durch eine kontrollierte Belastung dazu angeregt, elastisch zu bleiben.

Viele Pferde haben anfangs noch nicht die Muskulatur und somit nicht die Kraft, die nötig wäre, um ganz ohne Anstrengung durch die Equikinetic durchzulaufen. Genau das verlangen wir aber von den Pferden. Anfangs ist die Arbeit noch sehr moderat, jedoch werden die Trainingseinheiten gesteigert und das Kraftpotential Ihres Pferdes passt sich an.

Die Kursteilnehmer dürfen per Selbstversuch ausprobieren, wie anstrengend die Equikinetic ist.

So demonstriert Michael Geitner den Kraftaufwand, den ein Pferd beim Untertreten benötigt.

Stellen Sie sich bitte einmal gerade hin. Winkeln Sie die Arme an, Ihre Fäuste zeigen zu Ihrem Gesicht. Dann gehen Sie in die Knie, Ihre Fußspitzen befinden sich noch vor Ihren Kniescheiben. Das alleine erzeugt schon Spannung im Körper. Jetzt gehen Sie eine Minute lang auf einem Kreis in dieser Stellung. Aber bitte fleißig, die Beine weiter nach vorne, strengen Sie sich an! Stehen Sie auf und laufen Sie dann locker 30 Sekunden. Dann gehen Sie wieder in die Hocke. Das Ganze insgesamt 8 Mal. Sie können das gerne steigern auf 12 Arbeitseinheiten à anderthalb Minuten. Sie werden am nächsten Tag froh sein, die Muskeln nicht anstrengen zu müssen und ihre Joggingrunde vertagen. So bekommen Sie ein Gefühl für die Leistung, die Ihr Pferd auch bereits im Schritt erbringen muss.

Diese dynamischen Bewegungen unter Spannung brauchen Kraft. Durch das Intervalltraining wird ein zusätzlicher Anreiz gesetzt und nebenbei ist die Konzentration, die dabei aufgebracht werden muss, eine enorme mentale Anstrengung.

Man kann es eigentlich nicht oft genug sagen. Der Körper braucht, um Leistung zu bringen und die Muskulatur aufzubauen, Zeit sich zu erholen. Und 48 Stunden sind das Minimum.

Intervalltraining

Ein unerlässlicher Helfer für das Intervalltraining: ein Zeitmesser, der Ihnen genau vorgibt, wie lange eine Arbeitseinheit oder eine Pause dauert.

Intervalltraining hat den Vorteil gegenüber herkömmlichen Trainingsmodellen, dass ein effizienterer Muskelaufbau sowie eine gesteigerte Konditionsleistung in einem kürzeren Zeitrahmen stattfindet.

Pferde im Zeitsystem trainieren, geht das? So manch einer wird sich fragen, ob es Sinn macht. Ein Intervalltraining wechselt zwischen intensiver Belastungsphase und Erholungsphase. Das Pferd regeneriert sich nicht komplett während der Pausen und somit wird ein Trainingsanreiz gesetzt. Die Pausen zwischen den Arbeitsphasen sind dazu gedacht, um kurzfristig den Energiebedarf wieder aufzufüllen und nicht in ein zu starkes Sauerstoffdefizit zu kommen.

Durch den periodischen Tempowechsel und die abwechselnde Muskelbelastung steigert sich die Leistung. In den Pausen wird zwar die Herzfrequenz etwas niedriger, die Muskulatur hingegen erholt sich kaum. Der Körper versucht, die Stoffwechselbelastung und die starke Beanspruchung der Muskulatur dem Trainingsniveau anzugleichen. Das wiederum löst eine Stressreaktion aus, auf die der Organismus das nächste Mal vorbereitet sein will. Der Trainingseffekt wird intensiviert. Die Muskulatur wächst und die Gesamtausdauer wird gesteigert.

Zudem dürfen sich die Pferde in den Pausen etwas erholen, da auch die Konzentration während der Arbeitsphase sehr intensiv ist.

Pferden kommt diese Art zu trainieren sehr entgegen. Sie haben ein ausgeprägtes Zeitgefühl und finden sich sehr gut damit zurecht. Es scheint ihnen eine Art Sicherheitsgefühl zu geben. Sie wissen, was sie zu erwarten haben, obwohl es anstrengend ist. Das Intervalltraining startet mit kurzen Arbeitsphasen, ebenso mit einer kurzen Gesamttrainingszeit und wird individuell auf das Pferd angepasst und gesteigert.

Ist Ihr Pferd während einer Arbeitsphase unkooperativ und verlässt gar die Quadratvolte, gehen Sie nach der vorgegebenen Zeit trotzdem in die Pause und setzen Sie nach dieser wieder neu an.

WISSENSWERTES

***Im Intervalltraining** wechseln sich Arbeitsphasen und Erholungsphasen ab. Es steigert das Herz-Kreislaufsystem und den Stoffwechsel. Nach dem Training wird noch weiter Energie verbraucht, der sogenannte Nachbrenneffekt setzt ein. Intensive Belastung in den Arbeitsphasen setzt einen Muskelwachstumsreiz. Muskulatur wächst, bleibt erhalten, Pferde verlieren Fett und ihre Kondition wird gesteigert.*

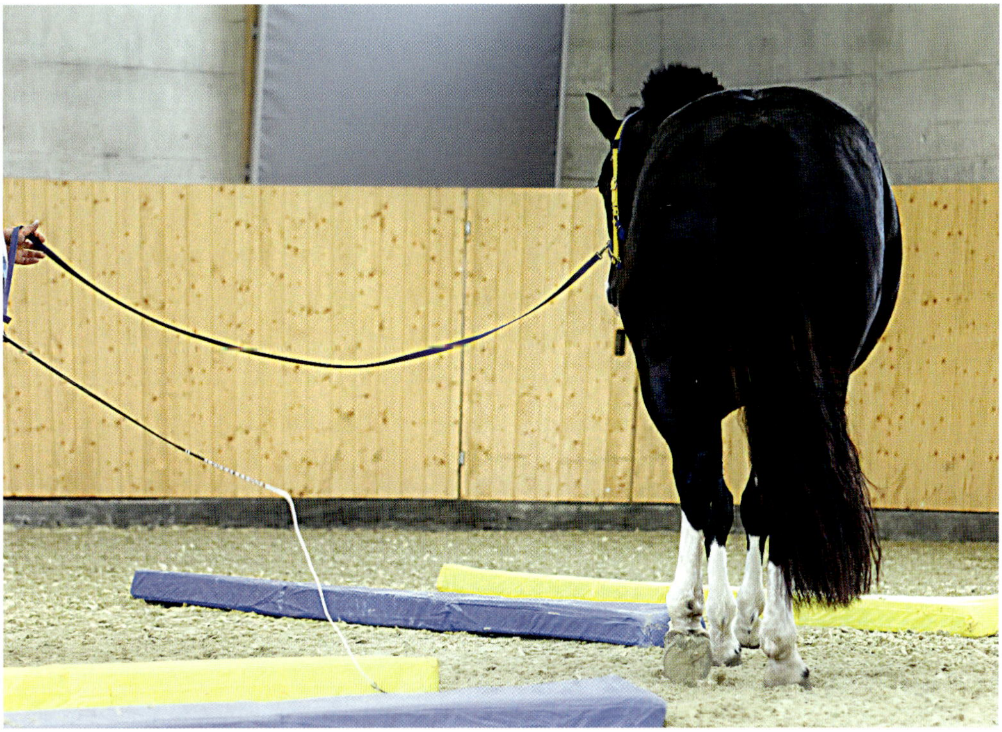

Die Abwechslung zwischen Arbeits- und Pauseneinheiten steigert die Kondition und den Muskelaufbau.

48 Stunden Pause zwischen den Einheiten

Diese 48 Stunden Pause sind uns so wichtig, dass wir sie noch einmal extra ansprechen! Der Satz: »Das bringen wir nicht in die Köpfe der Menschen rein«, fiel relativ bald bei dem Thema, dass Pferde 48 Stunden Erholung zwischen den Trainingseinheiten benötigen.

Equikinetic ist anstrengend, soll sie aber effizient und optimal wirksam sein, muss diese Belastung richtig gesteuert werden.

Wir gehen davon aus, dass Ihr Pferd nicht 48 Stunden in Anbindehaltung verbringen muss.

Dass ein Körper in Bewegung bleibt, ist sehr wichtig – für uns und für das Pferd. Training und Bewegung sind jedoch zwei Paar Stiefel. In den Pausenphasen sollte das Pferd zum großen Teil selbst entscheiden dürfen, wie viel es sich bewegt. Es wird seine Muskeln nicht überanstrengen und die nötige Regenerationsphase einhalten.

Wir unterscheiden nochmal zwischen einer passiven und aktiven Erholung.

Eine passive Erholung ist für Ihr Pferd, es auf der Koppel zu lassen, sodass es sich die nötige Bewegung selbst verschaffen kann. Es entscheidet an dem Tag, wie viel es sich bewegen möchte.

In der heutigen modernen Pferdehaltung sind Laufställe oder gar Aktivställe immer verbreiteter. Bietet man Pferden die Möglichkeit, bewegen sie sich 10–20 km am Tag oder mehr. Auch auf einer Tageskoppel bekommt das Pferd die tägliche Bewegung, die es braucht. Sie brauchen nicht zu denken, dass Sie Ihr Pferd vernachlässigen, wenn Sie es nach der Equikinetic einen Tag auf der Koppel lassen. Im Gegenteil, es muss sich erholen, damit die Muskeln wachsen können. Ein Relax-Programm, eine Pferdemassage oder einen Beautytag kann man natürlich einbauen.

Wählen Sie die aktive Erholung, dürfen Sie gerne einen Ausritt im Schritt unternehmen, Ihr Pferd eine Stunde im moderaten Schritttempo in der Führanlage gehen lassen oder einen Spaziergang unternehmen. Rufen Sie sich aber bitte immer ins Gedächtnis, dass die Muskulatur Schonzeit hat.

Menschen haben den dringenden Wunsch, etwas mit ihrem Pferd zu unternehmen, was auch nachvollziehbar ist. Aber es muss am Pausentag keine muskelbelastende Arbeit sein. Springstunde, Dressurunterricht oder eben der 3-Stunden-Ausritt fallen aus. Bedenken Sie auch, dass Ihr Pferd eventuell Muskelkater hat. Es gibt nach einer anstrengenden Belastung nichts Schlimmeres, als in einen »Muskelkater hineinzutrainieren«. Haben wir vom Sport oder von ungewohnter Bewegung Muskelkater, werden wir am nächsten Tag den Teufel tun und noch eine Bergtour unternehmen. Wir sind froh, wenn wir ohne größere Schmerzen durch den Alltag kommen. Pferde haben leider nicht die Gabe, uns zu erzählen, ob die Muskulatur am nächsten Tag schmerzt oder nicht. Wir sind nicht immer in der Lage es zu erkennen, da Pferde solche Schmerzen oft nicht deutlich anzeigen. In den Schmerz zu trainieren wäre kontraproduktiv, und dem Pferd würde bald die nötige Motivation, Leistung zu erbringen, abhanden kommen.

Viele Pferdebesitzer haben einfach Angst davor ihr Pferd könnte im Rhythmus der Equikinetic schlichtweg unterfordert sein. Sie haben die Befürchtung, dass es zu wenig zu tun hat, nicht ausgelastet ist und irgendwo seine Power entladen muss. In der Natur und auch im Leben lässt sich ein Rhythmus erkennen. Auch Pferde durchschauen sehr schnell den 48-Stunden-Rhythmus der Equikinetic. Falls sie genug auf die Koppel kommen, haben sie auch keinen Grund, Energie während einer Equikinetic-Einheit zu verschwenden.

Manchmal braucht es durchaus etwas Mut, nichts mit dem Pferd zu tun. Ständig bekommt man gesagt, Pferde müssen bewegt werden, sonst bauen sie Muskeln ab, werden fett, krank und »blöd« im Kopf. Nun ja, diese Leute mögen Recht haben, wenn ihr Pferd zu viel Futter und zu wenig Bewegung hat. Mit der Equikinetic haben Sie jedoch ein effizientes Training an der Hand, um den Muskelaufbau zu fördern und Ihr Pferd fit zu halten, doch Pausen sind dazu nun mal essentiell.

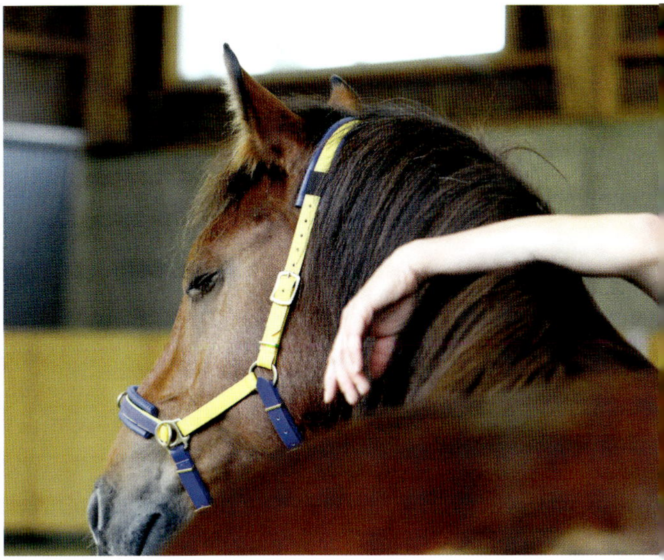

Muskulatur wächst nicht im Training, sondern in den Pausen.

Ein Ruhetag ist mehr, als einfach nur nichts tun. Ruhe ist mehr als »kein Training«. Sinnvolle Trainingspause heißt: keine Belastung, aber dafür Regeneration. Erholen muss sich Ihr Pferd selber, allerdings müssen Sie ihm die Gelegenheit dazu geben. Viele Ausbilder und Pferdebesitzer haben das Gefühl, etwas zu versäumen oder falsch zu machen, wenn sie ihr Pferd nicht ständig ausbilden, trainieren oder am Muskelaufbau arbeiten. Der Spruch »viel hilft viel« kann hier getrost durch: »manchmal ist weniger mehr«, ersetzt werden. Haben Sie Geduld, und geben Sie Ihrem Pferd die Zeit, die es braucht, um sich zu erholen. Es liegt einzig und alleine in Ihrer Hand, dem Pferd die Gelegenheit zur Regeneration zu geben.

Vorteil für Ihr Zeitmanagement – ein Nebeneffekt

Die Equikinetic bietet Ihnen einen weiteren Vorteil: Nicht ständig ein schlechtes Gewissen haben zu müssen, falls Sie Ihren Vierbeiner vom Stamme der Equiden nicht jeden Tag arbeiten können. Es gibt einfach Tage, da hat man keine Zeit für das Pferd. Selbst wenn es ansonsten gut versorgt ist, bleibt immer dieses Gefühl, man müsse noch etwas mit ihm tun.

Wenn Sie die Trainingseinheiten geschickt mit Ihrem Zeitplan und dem Wochenplan vereinbaren, können Sie den Pausentag für etwas anderes nutzen. Falls Sie mehrere Pferde zu trainieren haben, kommt mit der Equikinetic als Zusatztraining keines zu kurz. Ihr Pferd darf am Pausentag regenerieren und Sie müssen dabei kein schlechtes Gewissen haben.

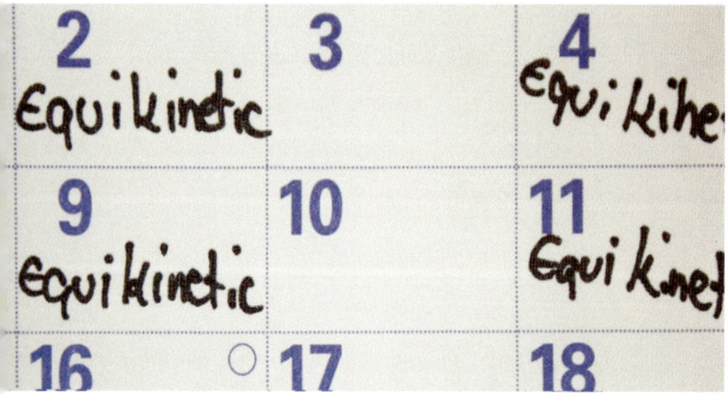

Machen Sie sich einen Trainingsplan.

Die Ausnahme

Wie immer gilt keine Regel ohne Ausnahme. Nach einer Equikinetic-Einheit steht am Wochenende ein Springlehrgang an oder ein Wanderritt oder eben irgendeine außergewöhnliche Anstrengung. Ihr Pferd wird nicht gleich kiloweise Muskelmasse abbauen, aber es sollte die Ausnahme bleiben und danach die entsprechende Regenerationsphase berücksichtigt werden.

Zusammenfassung

Bitte nehmen Sie das ernst. *Nach einem Tag Equikinetic sollte Ihr Pferd 48 Stunden nicht gearbeitet werden. Stellen Sie es auf die Koppel und widmen Sie sich anderen Dingen. Sie können auch einen Spaziergang mit ihm unternehmen oder einen Putztag einlegen. Arbeiten Sie Ihr Pferd während dieser Pause, wird die Equikinetic nicht den optimalen Erfolg haben. Zum einen sind die Pausen während der Trainingseinheit wichtig, um sich zu erholen, zum anderen braucht die Muskulatur 48 Stunden Regenerationsphase. Muskeln wachsen wie gesagt nicht im Training, sondern in den Pausen.*

Durch intensives Equikinetic-Training werden die Muskeln des Pferdes beansprucht und der Körper braucht eine bestimmte Zeit, um sich erholen zu können. Es entstehen Schäden an der

Muskulatur und der Muskel muss sich regenerieren. Der Muskel repariert allerdings nicht nur seine geschädigte Struktur, sondern passt sich an die neue Situation an, d. h. er steigert seine Leistungsfähigkeit. Damit beugt der Körper zukünftigen Belastungen vor. Unterbricht man diese Phase durch ein verfrühtes Training, ist der Muskel weder in der Lage, sich zu erholen, noch zu wachsen. Im schlimmsten Fall kann der Muskel sein vorheriges Niveau nicht wieder herstellen und wird schwächer. Die Muskulatur wird übertrainiert und abgebaut.

Höchstleistung für Geist und Körper

Wenn Ihr Pferd Leistung erbringen soll, ist das nur möglich, wenn es durch entsprechendes Training vorbereitet wird.

Trainieren Sie Ihr Pferd zu wenig, kann das negative gesundheitliche Folgen haben, ebenso wie das Training zu übertreiben. Nun können Pferde nicht reden und leiden oft stumm vor sich hin. Allerdings zeigen sie uns deutlich, wenn sie genug haben und an ihre körperlichen und geistigen Grenze gelangen. Diese werden oft nicht erkannt oder ignoriert und Reaktionen darauf meist als Ungehorsam eingestuft. Nicht selten ist der Grund, ein Pferd zu überfordern, die Angst, etwas zu versäumen und zu wenig zu trainieren.

Beim Menschen gilt der Grundsatz: Haben Sie bisher keinen Sport gemacht, beginnen Sie mit kleinen, maßvollen Einheiten. Hören Sie auf Ihren Körper und steigern Sie das Training langsam.

Beim Pferd gilt dieser Grundsatz auch, nur dass Sie als Coach sehen müssen, wann Ihr Pferd an seine Grenzen kommt.

Wenn man mit der Equikinetic beginnt, hat das Pferd weder die nötige Balance, noch die erforderliche Muskelkraft. Auch wenn es noch nicht überfordert ist, fangen die Muskeln an zu »brennen« und das Pferd möchte aus dieser unbequemen Situation heraus. Beispielsweise versucht es, die Halsmuskulatur durch Senken des Kopfes zu entlasten. Läuft es ständig nur noch mit der Nase im Sand, ist es definitiv genug.

Gute Indikatoren sind auch der Puls und die Atmung. Da die Equikinetic neben der Muskulatur auch das Herz-Kreislaufsystem trainiert, zeigt sich, dass vielen Pferden anfangs schlicht und einfach die Kondition fehlt. Das Pferd wehrt sich gegen Überforderung. Widerwille heißt meist nicht, das Pferd hat keine Lust, in mindestens 90 % fällt es ihm einfach noch schwer, die geforderte Leistung zu bringen. Es ist ein Balanceakt zwischen Fördern und Überfordern.

Bei der Equikinetic erbringt der Körper des Pferdes eine enorme Kraftanstrengung. Doch nicht nur diese kann das Pferd an den Rand seiner Leistungsfähigkeit bringen.

Ihr Pferd muss sich auch geistig anstrengen. Während der Arbeitseinheiten konzentriert auf Sie zu achten und dabei durch die Quadratvolte zu laufen, ist eine geistige Höchstleistung für es. Selbst wenn es körperlich noch in der Lage wäre, die Arbeitsphasen zu absolvieren, hat der Kopf eventuell bereits abgeschaltet. Es wird ihm zu viel und eine effektive Trainingseinheit ist an dieser Stelle nicht mehr möglich.

Der klar vorgegebene Weg der Quadratvolte ...

Equikinetic ist für das Pferd deutlich anstrengender als angenommen.

Die Quadratvolte

Der Vorteil der Quadratvolte liegt in ihrer Gleichmäßigkeit. Sie bietet Mensch und Pferd eine exakt vorgegebene Kreislinie. Die Gassen leiten die Pferde quasi wie auf Schienen durch die Volte. Pferde haben aufgrund ihrer anfänglichen Balanceprobleme schlichtweg Angst hinzufallen. Würden die Gassen ihren Weg nicht begrenzen, wäre die Versuchung unvermeidlich, nach außen oder innen auszuweichen, um irgendwie das Gleichgewicht zu halten. Die Gassen werden als Quadrat gelegt, laufen die Pferde jedoch in gleichmäßiger Innenstellung und Biegung durch, entsteht ein regelmäßiger Kreis. Die optische Anlehnung der Gassen bietet die Sicherheit, nicht hinzufallen.

... bietet dem Pferd Anlehnung und Sicherheit.

Pferde haben genauso wie wir automatisierte Bewegungen. Auf einer 8-m-Volte zu laufen müssen Pferde lernen, und die Quadratvolte bietet hier hilfreiche Dienste, indem sie den Weg eingrenzt.

Pferde lernen dieses sichere Gefühl sehr schnell zu schätzen. Der Weg durch die Gassen scheint ihnen Sicherheit zu vermitteln, und durch die Konzentration, die sie dabei aufbringen müssen, werden sie ruhiger.

Die inneren Gassen verhindern, dass die Pferde nach innen drängeln und helfen somit schon, die Schulter zu stabilisieren. Die äußeren Gassen bieten ebenfalls Anlehnung, etwa wenn das Pferd zu sehr mit der Hinterhand ausscheren sollte.

Auch für den Menschen ist die Quadratvolte ein wertvolles Hilfsmittel. Sie unterstützt ihn, den exakt vorgegebenen Weg einzuhalten. Während der Equikinetic gilt es, viele Dinge zu beachten, beispielsweise dass das Pferd im richtigen Tempo geht. Im Schritt ist das auf gerader Linie an der Bande entlang noch kein Problem. Aber traben Sie mal mit einem 1,75 m-Warmblut, das noch nicht gelernt hat, sich dem Tempo des Menschen anzupassen, an der langen Seite der Bahn entlang. Sie werden es nach 5 Schritten nur noch von hinten sehen, weil es Ihnen schlicht und einfach davonläuft. Es hört Ihnen nicht zu und es fällt ihm schwer, langsam zu traben.

In der Quadratvolte, in der das Pferd ständig gebogen wird, fällt es Ihnen leichter, auf es einzuwirken. Zudem muss es zuhören. Sie sind zudem dichter am Pferd dran, als wenn Sie es aus 9 m Abstand longieren würden. Das geführte Longieren und die kurze Entfernung machen es Ihnen möglich, schneller und präziser einzugreifen, um das Tempo zu regulieren.

Leider wird oft nur trainiert, was gewohnt ist. Das Pferd hat seine Lieblingsseite, auf der es gut läuft. Obwohl der Mensch zwar weiß, was gut wäre, arbeitet er häufig aber aus Gedankenlosigkeit nur auf der Seite mit dem Pferd, auf der es flutscht. So wird es nicht gleichmäßig auf beiden Seiten durchgearbeitet.

Die Sportwissenschaft ist sich nicht ganz einig darüber, ob nicht die Muskulatur, die es nötiger hätte, mehr gearbeitet werden sollte.

Im Pferdebereich sind auch zwischendurch Stimmen zu hören, die dafür plädieren, die steife Seite des Pferdes vermehrt zu fördern. Wir raten davon ab. Ein Grund dafür ist, dass Sie es mit einem Lebewesen zu tun haben, das es nicht verstehen wird, sich auf seiner »schlechteren« Seite mehr anstrengen zu müssen. Ein guter Weg ist es, das Pferd immer abwechselnd von beiden Seiten zu arbeiten. Auf der Seite zu laufen, auf der es ihm angenehmer ist, ist eine Belohnung für seine Anstrengungen auf der unangenehmen Seite. Es gibt Pferde, die sonst beginnen, sich zu wehren und die versuchen, sich der ungewohnten Anstrengung zu entziehen. Die gut bemuskelte Körperseite des Pferdes wird auf das gewünschte Niveau trainiert, die schlechte Seite wird mit der Zeit aufholen und sich anpassen.

Durch ein gleichmäßiges Training auf beiden Händen werden Dysbalancen zwischen den Muskelgruppen ausgeglichen und die bereits vorhandene Muskulatur wird effektiv genutzt.

Die Farben Blau und Gelb helfen dem Pferd dabei, aufmerksam zu bleiben. Blau und Gelb sind die Farben, die Pferde am besten sehen. Ansonsten ist ihre Welt grau schattiert, schwarz und weiß. Diese Farben stechen dem Pferd regelrecht ins Auge und sind zusätzlich zu den Gassen wegweisend.

Das gleichmäßige Tempo, der vorgegebene exakte Weg der Quadratvolte und die regelmäßigen Handwechsel sind ein Teil des Erfolges, den Sie mit der Equikinetic haben werden.

Visualisieren – machen Sie sich ein Bild

Wie soll Ihr Pferd aussehen nach 3 Monaten Equikinetic? Welches Ergebnis wünschen Sie sich? Haben Sie überhaupt eine Vorstellung davon? Nein? Dann wird es Zeit, dass Sie sich ein Bild im Kopf kreieren, wie Ihr Pferd nach dem Equikinetic-Training aussehen soll. Fehlt es an der Rückenmuskulatur? Ihr Wallach hat vorne das Potenzial zum Hengst, aber die Hinterhand einer Stute? Ihr Pferd ist viel zu dünn und braucht überall Muskulatur? Ihr Pferd ist zu dick und muss dringend abspecken? Sie möchten, dass es rittiger wird? Oder einfach nur Ihre Position festigen und Ihrem Pferd endlich das Siegel »Problempferd« von der Stirn entfernen?

Wie kommen Sie zu Ihrem Ziel? Die Equikinetic kann Ihnen das alles ermöglichen, allerdings ist es durchaus hilfreich, eine Endvorstellung oder auch ein Bild von einem Zwischenergebnis im Kopf zu haben.

Ein Beispiel: Ihr Pferd, das dringend abspecken muss, läuft nur mit hocherhobenem Kopf und weggedrücktem Rücken durch die Quadratvolte. Das finale Ziel wäre ein gut bemuskeltes, wohlproportioniertes Pferd. Ein Zwischenziel wäre, dass das Pferd in schöner Innenstellung und mit aktiver Hinterhand durch die Quadratvolte läuft. Arbeiten Sie Schritt für Schritt und Bild für Bild Ihrem Ziel entgegen. Werden Sie nicht ungeduldig. Sie arbeiten mit einem lebendigen Wesen und programmieren keinen Computer. Dieses Ziel, das Sie im Kopf haben, und das Wissen, dass kleine Schritte dahin führen, werden Ihnen letztlich Erfolg zukommen lassen. Visualisieren Sie Ihr Bild.

Machen Sie sich eine Vorstellung wie Ihr Pferd laufen soll, und arbeiten Sie genau daran.

Machen Sie sich ein inneres Bild davon, wie Ihr Pferd laufen und wie viel es an Muskulatur aufbauen soll. Damit haben Sie eine Vorstellung und ein Ziel, welches Sie in kleinen Etappen anstreben und erreichen können.

Kapitel 7

Equipment und Training

Von Handschuhen bis Pylonen

Handschuhe

Es kann immer einmal vorkommen, dass ein Pferd heftig reagiert und an der Longe zieht. Um schmerzhafte Verbrennungen zu verhindern, falls die Longe durch die Hand gezogen wird, sollten Sie Handschuhe tragen.

Feste Schuhe

Sobald Sie am Pferd sind, sollte ein Schutz Ihrer Füße selbstverständlich sein. Sie sollten bequeme Schuhe tragen, in denen Sie sich gut bewegen können, da Sie während der gesamten Equikinetic-Einheit mitlaufen müssen.

Intervalltimer

Die Equikinetic arbeitet in den Arbeits- sowie in den Pausenphasen mit genauen Zeiteinheiten. Um nicht ständig auf die Uhr schauen oder etwa die Runden zählen zu müssen, empfiehlt es sich, einen Intervalltimer zu verwenden.

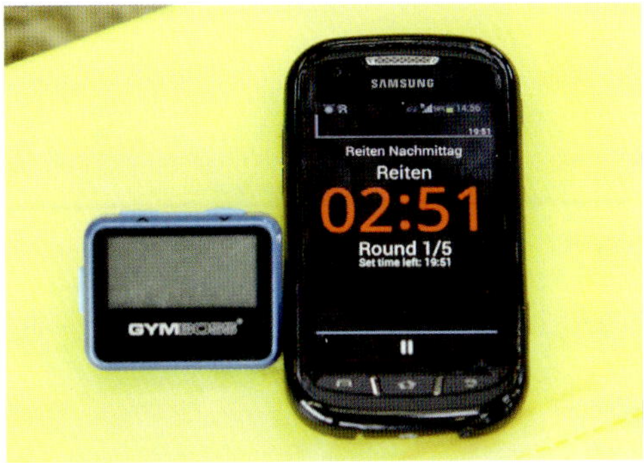

Intervalltimer gibt es als eigene Geräte oder als Apps fürs Smartphone.

Er misst die Zeiteinheit, in der trainiert wird, und gibt ein akustisches Signal, wenn diese beendet ist. Dann wird die Pausenphase eingeleitet. Diese endet ebenfalls mit einem Signal und die Arbeitsphase beginnt erneut. Zusätzlich kann eingestellt werden, wie viele Arbeits- und Pausenphasen insgesamt zu absolvieren sind.

Auf einen Blick

- *feste Schuhe*
- *Handschuhe*
- *Kappzaum*
- *kurze Longe, ca. 3–5 m*
- *Touchiergerte, ca.140–160 cm*
- *8 Gassen oder 4 Gassen und 12 Pylonen*
- *Intervalltimer oder als App auf dem Smartphone (iPhone: »Gym Boss«, »MyBeep«, »Men's Health Fitness Timer« oder Android: »A HIIT Interval Timer«)*

Kappzaum

In der Equikinetic wird ausschließlich am Kappzaum gearbeitet. Am Gebiss zu longieren lehnen wir grundsätzlich ab.

Ein Pferd am Boden im Gebiss in Stellung zu bringen, gehört definitiv in die Rubrik Handarbeit. Hier haben Sie zwei Zügel, sind nahe am Pferd und deshalb ist eine feine Einwirkung möglich.

Ein Pferd aus 8–9 Meter Entfernung an einem Gebiss fein stellen zu können, ohne dass dieses dabei verrutscht und auf die empfindlichen Zahnleisten drückt, ist kaum vorstellbar.

Normale Halfter sind für die Equikinetic ungeeignet, sie haben den Nachteil, dass sie zu viel Platz am Pferdekopf haben und rutschen können. Dem Pferd können die Hilfen über das Halfter nicht fein genug vermittelt werden. Wird die Longe im unteren Anbindering verschnallt, drehen die Pferde im schlimmsten Fall den Kopf seitlich und verwerfen sich im Genick.

Die Longe in die seitlichen Halfterringe eingeschnallt hat den Nachteil, dass die Pferde, durch den seitlichen Zug bedingt, den Kopf samt Hals nach außen drehen wollen und Gegendruck aufbauen.

Knotenhalfter sind aus ähnlichen Gründen nicht für die Equikinetic geeignet: Sie sitzen zu locker; aufgrund der dünnen Seile wirkt zu viel punktueller Druck auf den Nasenrücken ein.

Verwenden Sie daher einen gut sitzenden Kappzaum. Mit ihm ist es möglich, das Pferd schön im Genick zu stellen, der ganze Kopf wird gleichmäßig zur inneren Seite bewegt und das empfindliche Pferdemaul wird geschont. Das Pferd wird über die Nase nach innen geführt. Durch die Nähe zum Pferd in der Equikinetic ist es möglich, präzise einzuwirken. Es gibt Kappzäume in allen möglichen Ausführungen. Aber worauf ist besonders zu achten? Ein gut sitzender Kappzaum rutscht nicht! Reagiert das Pferd mal nicht so sensibel auf Ihre Hilfen und läuft anfangs etwas in Außenstellung, was vorkommen kann, darf der »Backenriemen« dem Pferd nicht ins Auge rutschen. Nicht nur die Wirkung des Kappzaums geht dabei verloren, es dürfte für das Pferd auch ziemlich unangenehm sein.

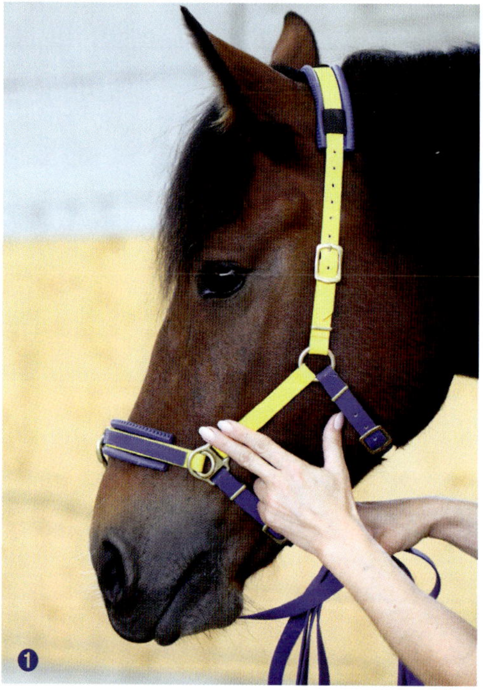

❶ *Der seitliche Ring des Kappzaums sollte zwei Fingerbreit unter dem Jochbein liegen. Zum einen, damit der empfindliche Knochen durch Leder oder Metall unbehelligt bleibt, zum anderen, damit der Gesichtsnerv an der Stelle, an der er austritt, nicht gereizt oder gequetscht wird.*

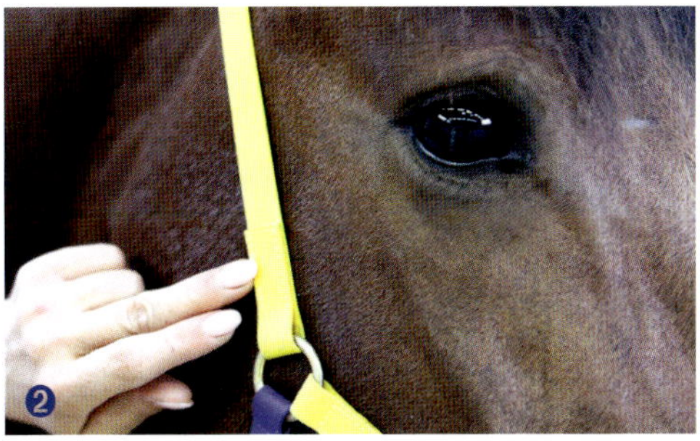

Achten Sie darauf, dass der Backenriemen nicht zu nahe am Auge liegt. Passen Kappzäume nicht richtig oder sind sie zu locker verschnallt, rutschen sie dem Pferd oft während der Arbeit seitlich ins Auge.

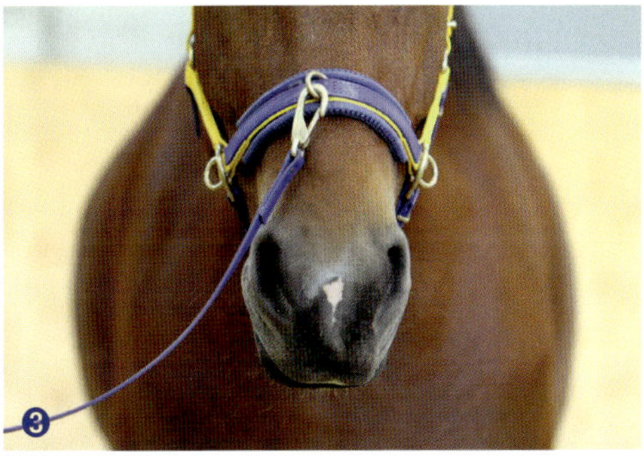

Beachten Sie, dass der Kappzaum oberhalb der Nasentrompeten auf dem Nasenbein aufliegt. Das können Sie erfühlen, indem Sie sich mit den Fingern ab den Nüstern aufwärtstasten.

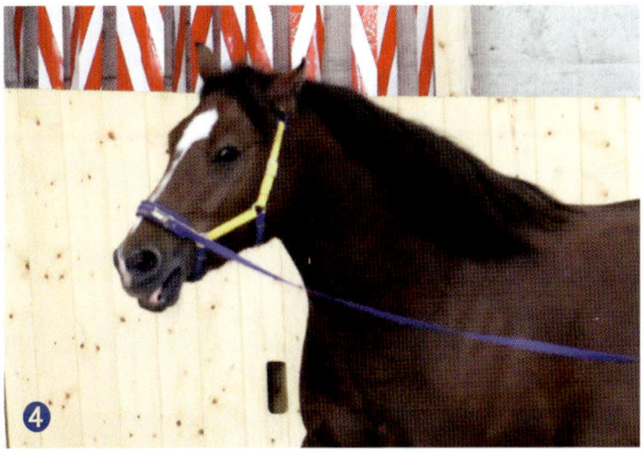

Um die Kieferfreiheit zu gewährleisten, muss der Kappzaum Kaubewegungen zulassen.

Ob nun mit oder ohne Naseneisen, die Auflage auf dem Nasenbein sollte breit und weich gepolstert sein, um zu viel punktuellen Druck zu verhindern. Je schmaler und dünner die Auflage auf der Nase ist, umso mehr Druck wird auf sie ausgeübt.

Zudem muss auf die Passform geachtet werden. Man kann sich vorstellen, dass es äußerst unangenehm sein kann, wenn ein Naseneisen auf dem Nasenrücken hin und her rutscht oder gar nicht passt und drückt. Ein Naseneisen ist allerdings kein Muss. Wir bevorzugen Kappzäume ohne Naseneisen.

Speziell für die Equikinetic wurde ein leichter Kappzaum aus Biothane entwickelt, der nicht rutscht. Die Pferde nehmen ihn sehr gut an und laufen zufrieden damit. Er ist mit einer angenehmen, breiten Nasenauflage ausgestattet und ermöglicht die nötige Kieferfreiheit. Diese ist wichtig, egal welchen Kappzaum Sie benutzen. Es muss dem Pferd noch möglich sein, während der Arbeit kauen zu können, damit der Speichel abgeschluckt werden kann. Zudem sind Pferde, denen das nicht mehr möglich ist, verspannt, da der Unterkiefer durch Muskeln und Faszien durchgehend mit dem ganzen Körper verbunden ist.

Die Auflage des Nasenriemens darf nicht zu tief auf der Nase angebracht sein. Es erschwert dem Pferd die Atmung, da es ihm regelrecht die Nasenflügel zusammendrückt.

So sieht ein korrekt verschnallter, gut sitzender Kappzaum am Pferdekopf aus.

Die Nasentrompeten müssen frei sein, und der Kappzaum auf dem knöchernen Teil des Nasenbeines aufliegen.

Die obligatorischen »Zweifingerbreit« unterm Jochbein haben auch hier ihre Berechtigung. Nicht nur das empfindliche Jochbein wird geschont, auch der Gesichtsnerv bleibt unbehelligt, der in diesem Bereich seine Austrittsstelle (Foramen) hat.

Last but not least: Der Genickriemen darf die Ohren nicht einklemmen. Ein weiches und breites Genickpolster kann auch hier unangenehmen Dauerdruck verhindern.

WISSENSWERTES

***In der Equikinetic** wird nur am Kappzaum longiert, um eine präzise Einwirkung zu ermöglichen.*
Gebiss, Halfter und Knotenhalfter sind ungeeignet.
Der Kappzaum muss gut angepasst sein und darf nicht verrutschen.
Es sollte nicht zu viel punktueller Druck auf den Nasenrücken ausgeübt werden.
Die Kieferfreiheit muss gewährleistet sein, das Pferd muss kauen können.

Longe

Bitte verwenden Sie eine kürzere Longe von maximal 3–5 m für die Equikinetic. Die Handhabung wird dadurch wesentlich einfacher. Vor lauter Konzentration bemerkt man oft nicht, wie sich die Longe »selbstständig« macht und sich am Boden Schleifen bilden, was eine nicht unerhebliche Verletzungsgefahr birgt. Außerdem haben Sie nicht so viel »Material« in der Hand, da die Peitsche auch noch untergebracht werden muss.

Die Longe sollte gut in der Hand liegen, leicht und nicht zu starr sein. Der Karabiner der Longe sollte nicht zu schwer und nicht zu groß sein, denn Pferde fühlen sich dadurch oft gestört.

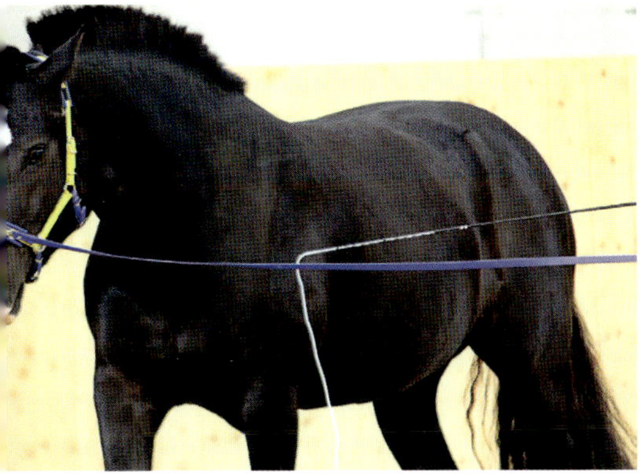

Mit einer kürzeren Longe ist die Handhabung einfacher. Achten Sie auch darauf, dass der Karabiner, der am Kappzaum befestigt wird, nicht zu groß und nicht zu schwer ist.

Die Longe sollte gut in der Hand liegen.

Touchiergerte

Bewährt hat sich eine Touchiergerte oder eine Bogenpeitsche. Eine Longierpeitsche ist zu lang und viel zu unhandlich.

Ebenso ist der längere Schlag, wie er bei Longierpeitschen zu finden ist, oft hinderlich. Man hat ihn überall, aber er kommt nicht da zum Einsatz, wo er soll. Im schlimmsten Fall kann sich der lange Schlag um die Hinterbeine des Pferdes wickeln. Den Gertenknauf benötigen Sie um zu verhindern, dass das Pferd zu sehr nach innen drückt und auf die innere Schulter fällt.

Die Touchiergerte ist das Hilfsmittel, um den Takt zu halten. Mit einer kürzeren Peitsche fällt Ihnen die Handhabung deutlich leichter.

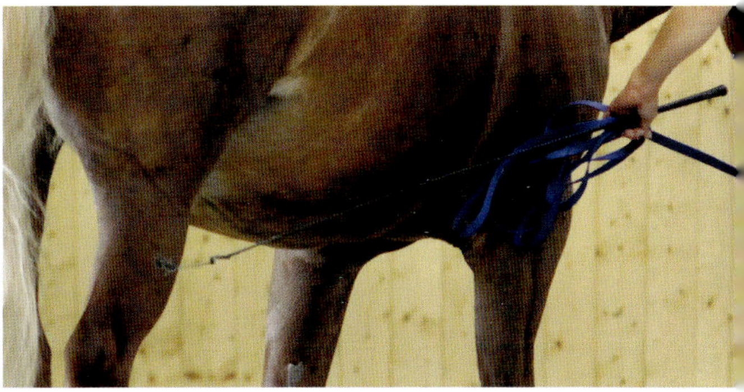

Verwenden Sie bei der Equikinetic eine kurze, handliche Touchiergerte oder Bogenpeitsche.

Verwenden Sie eine kurze Longe mit 3–5 m Länge und eine Touchiergerte, das erleichtert die Handhabung.

Dual-Gassen

Bitte verwenden Sie für die Equikinetic nur die weichen Schaumstoffgassen. Von Holzstangen raten wir ausdrücklich ab, da die Verletzungsgefahr zu groß ist. Wenn Pferde müde werden, stolpern sie gerne mal über die Ecken der Gassen. Auch wenn die Pferde einmal unkontrolliert in höherem Tempo

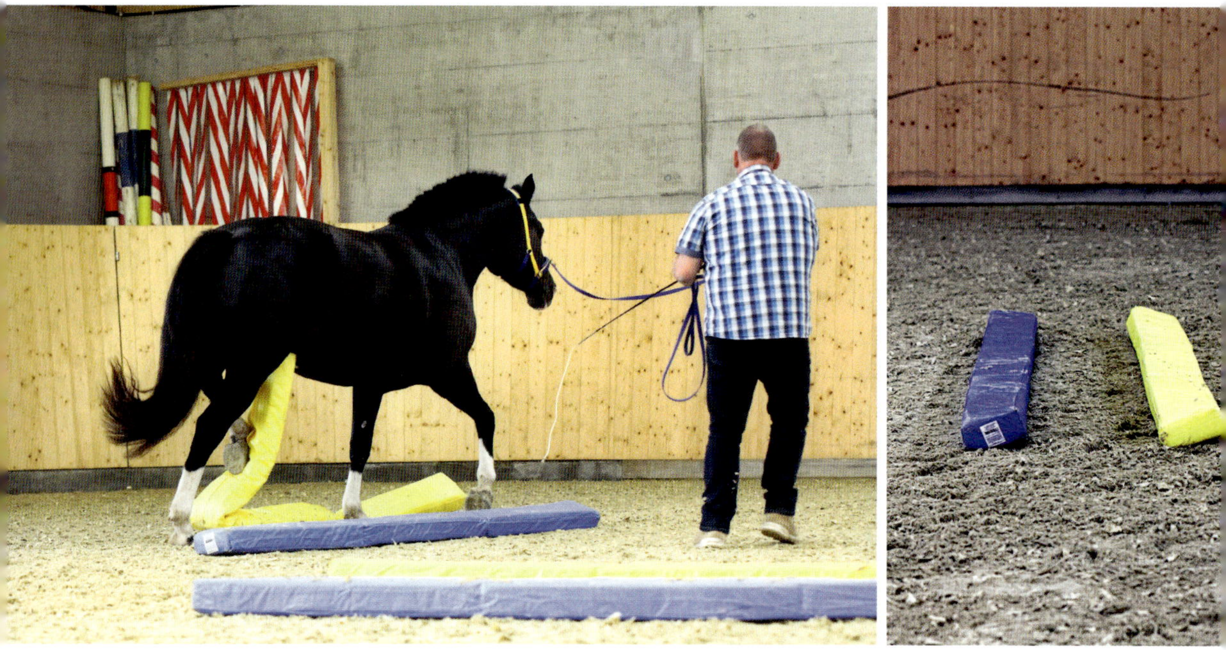

Die Dual-Gassen bieten für die Pferdebeine den höchstmöglichen Schutz und die Verletzungsgefahr wird minimiert.

durch die Gassen laufen sollten, besteht keine Verletzungsgefahr. Bedenken Sie bitte auch, dass die Pferde durch die Dual-Gassen laufen müssen. Treten sie in den Gassen darauf, ist das nicht weiter schlimm. Der Schaumstoff gibt nach und die rechteckige Form der Gassen verhindert ein Wegrollen und die Gefahr des Umknickens. Gelenke und Sehnen werden geschont.

Die Dual-Gassen haben sich seit weit über zehn Jahren in der Dual-Aktivierung bewährt, das Verletzungsrisiko geht gegen Null – und auch in der Equikinetic leisten sie die besten Dienste.

Auch die Farben Blau und Gelb sind für die Quadratvolte nicht uninteressant. Da Pferde diese Farben wie gesagt am besten sehen, stellen sie einen zusätzlichen optischen Wegweiser für sie dar. Die farbigen Gassen stechen einfach aus den Grauschattierungen heraus.

Pylonen

Die äußere Begrenzung der Quadratvolte können Sie auch mit Pylonen aufbauen. Die Gassen bieten eine optisch bessere Begrenzung, jedoch leisten hier auch Pylonen gute Dienste. Sie sollten ebenfalls blau und gelb sein, zudem aus splitterfestem Material bestehen.

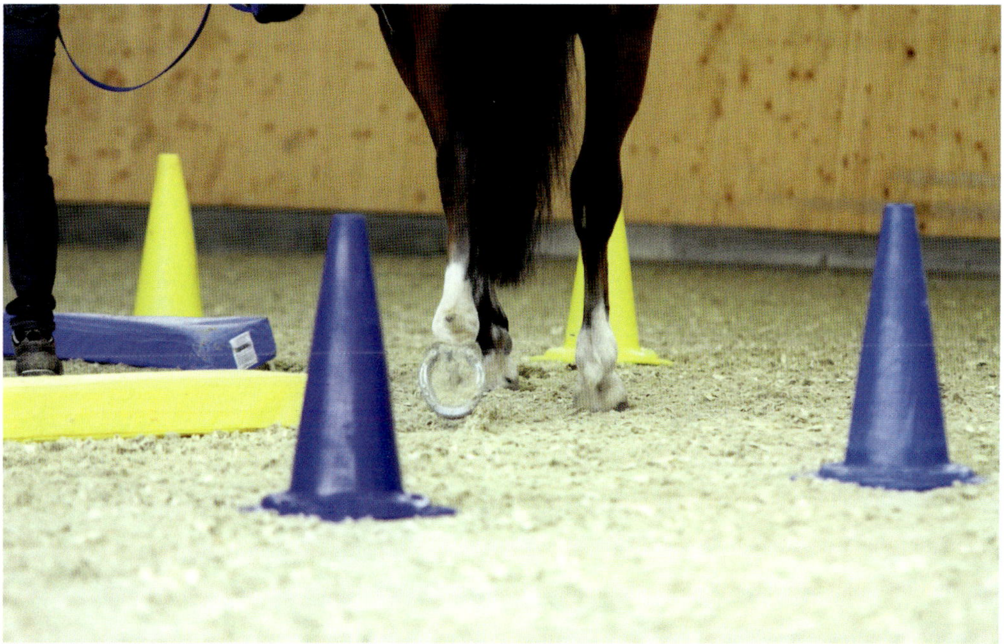

Pylonen können als äußere Begrenzung der Quadratvolte genutzt werden.

Aufbau der Quadratvolte

Legen Sie 8 Dual-Gassen zur Quadratvolte, als äußere Begrenzung können auch die Pylonen genommen werden. Wichtig ist, dass die Quadratvolte gleichmäßig gelegt wird.

Der Durchmesser beträgt von Hufschlag zu Hufschlag ca. 8 m, bei einem Shetlandpony ca. 6 m. Der Abstand zwischen innerer und äußerer Gasse beträgt 80–150 cm.

Bevor Sie aber mit dem Zollstock losgehen, habe ich einen einfacheren Tipp für Sie.

Markieren Sie mit einer Pylone einen Punkt, der anschließend die Mitte Ihrer Quadratvolte darstellt. Nun legen Sie eine Dual-Gasse senkrecht von diesem Punkt aus hin, am Ende dieser Gasse legen Sie eine Gasse quer. Voilà, Ihre erste Begrenzung. Mit den anderen 3 Gassen verfahren Sie genauso.

Sie erhalten so eine Quadratvolte mit einem Durchmesser von ca. 8 m, von Hufschlag zu Hufschlag gemessen.

Noch einfacher wäre es, an Ihrer kurzen Longe bei 4 m eine kleine Markierung anzubringen und diese dann von der Mitte aus senkrecht nach außen zu legen. Ich überlasse es sonst aber gerne Ihrer Kreativität, die Quadratvolte anders auszumessen.

Aufbau der Quadratvolte

Markieren Sie sich den Mittelpunkt der Quadratvolte mit einer Pylone. Legen Sie die erste Dual-Gasse (gelb) hin. Am Ende dieser Gasse legen Sie die blaue Dual-Gasse quer zur gelben, so erhalten Sie die erste innere Begrenzung.

Die zweite Gasse legen Sie wieder von der Pylone aus nach außen und an deren Ende die nächste Gasse der inneren Begrenzung.

Die dritte Gasse der inneren Begrenzung. Die Farben können abwechseln, das hilft, das Pferd etwas aufmerksamer zu machen.

Haben Sie alle vier Gassen der inneren Begrenzung gelegt, erhalten Sie ein gleichmäßiges Quadrat.

Legen Sie nun im Abstand von ca. 1,50 m die äußeren Gassen. Wenn Sie eine Steigerung des Trainings erzielen möchten, können Sie noch Quergassen einbauen.

Innerhalb weniger Minuten haben Sie so eine gleichmäßige Quadratvolte aufgebaut. Der Abstand von Hufschlag zu Hufschlag beträgt ca. 8 Meter.

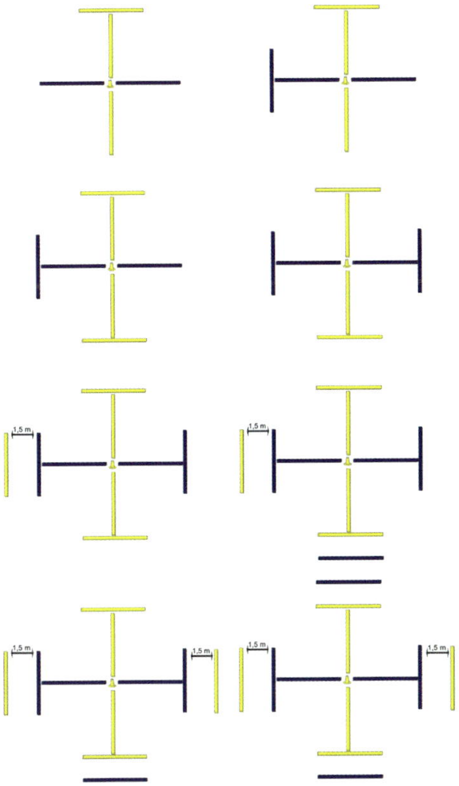

Anstatt der äußeren Gassen kann man auch Pylonen verwenden.

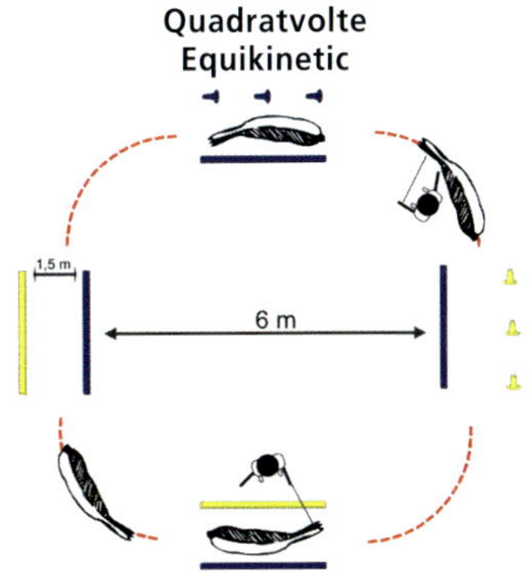

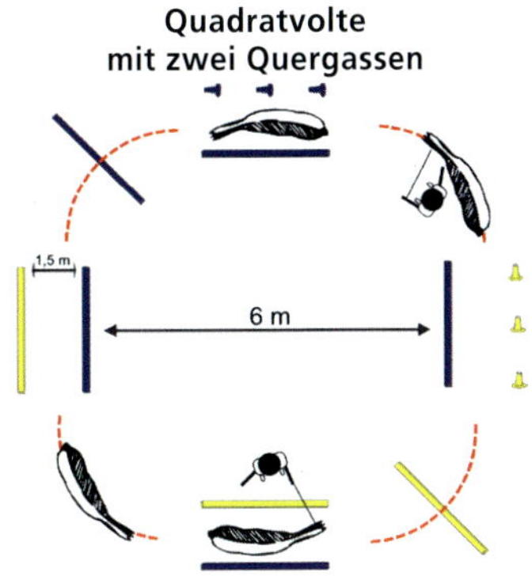

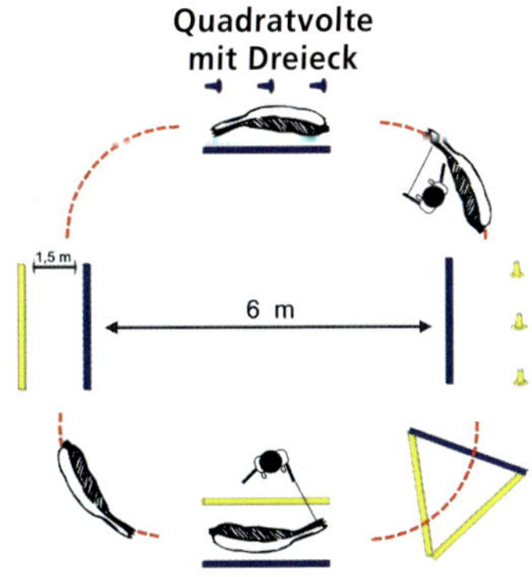

Von Hufschlag zu Hufschlag beträgt der Abstand 8 Meter, von Innengasse zu Innengasse 6 Meter. Bei sehr kleinen Ponys können Sie die Gasse Kante an Kante legen, um auch für die Kleinen einen effektiven Trainingsanreiz zu schaffen.

Mit einem Abstand von 80 cm bis 1,50 m legen Sie nun die äußere Begrenzung, wie gesagt mit Gassen oder Pylonen.

Bei der Equikinetic ist die innere Begrenzung dazu da, Ihnen den Weg zu weisen und Ihnen zu ermöglichen, die Linie exakt zu halten, um eine korrekte Innenstellung und Biegung zu erleichtern. Anfangs ist man sowieso genügend damit beschäftigt, sich und das Pferd zu koordinieren. Glauben Sie mir, würden Sie diese innere Begrenzung nicht haben, wäre es sehr schwer, immer einen korrekten Durchmesser von 8 m zu halten. Das wären Minikreise oder Eier, aber keine kontinuierliche, schöne Gleichmäßigkeit.
Die äußere Begrenzung hilft zu verhindern, dass die Hinterhand zu sehr ausschert, wobei dann wiederum über das Tempo nachgedacht werden sollte.

Longen- und Peitschenhaltung

In der Equikinetic hat sich die »Zwei-Hand-Longentechnik« bewährt. Sie halten die Longe, die zum Kappzaum führt, in einer Hand, in der anderen halten Sie den aufgerollten Rest der Longe und die Touchiergerte. Also linksherum in der linken Hand die Longe zum Kappzaum und in der rechten den Rest der Longe und die Touchiergerte. Die Longe sollte möglichst immer in einer geraden Linie von Ihrer Führhand zum Kappzaum verlau-

Longen- und Peitschenhaltung.

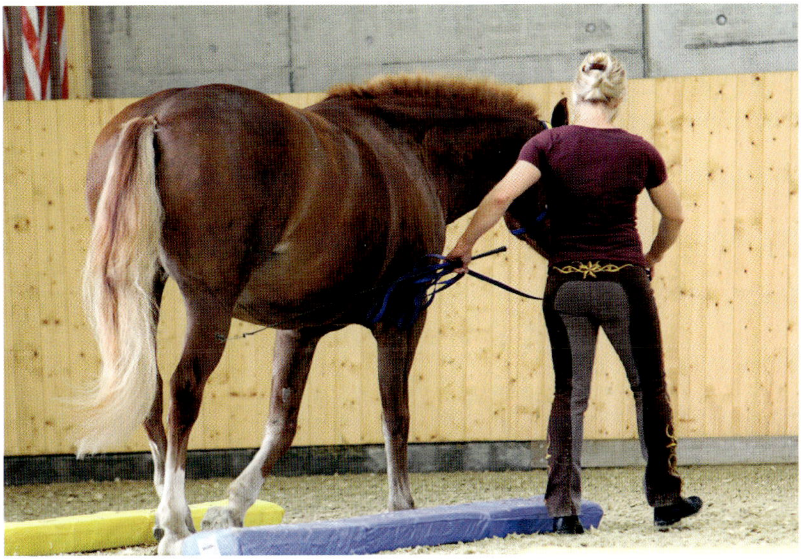

Longieren Sie mit der »Zwei-Hand-Technik«.

fen, das bestätigt Ihnen Ihre richtige Position und ermöglicht, präziser einzuwirken. Mit der Touchiergerte können Sie so direkt auf die Hinterhand bzw. die Schulter Ihres Pferdes Einfluss nehmen.

Achten sie darauf, dass Ihre Longe ordentlich aufgewickelt ist. Zum einen ist die Handhabung leichter, zum anderen wird die Gefahr einer Schlaufenbildung reduziert. Fassen Sie mit der Hand von oben in die aufgewickelte Longe.

Die Touchiergerte wird zwischen Hand und Longe gehalten. Durch das Drehen des Handgelenkes ist es Ihnen nun möglich, die Touchiergerte kontrolliert an Schulter und Hinterhand einzusetzen.

So führen Sie den Handwechsel durch

Nach den Arbeitsphasen auf dem Weg in die Pause erfolgt ein Handwechsel. Bitte schauen Sie, dass Sie diesen zügig vollziehen, denn wir rechnen den Handwechsel schon zur Pause dazu.

30 Sekunden ist die kürzeste Pause, die Sie bei der Equikinetic haben. 30 Sekunden sind kurz. Da sollte der Handwechsel aus dem Effeff klappen. Sonst ist die Pause vorbei und die Arbeitsphase beginnt schon wieder, während Sie noch mit dem Handwechsel beschäftigt sind.

Bewährt hat es sich, das Pferd zum Longenführer kommen zu lassen, es zu wenden und wieder in die Quadratvolte zu schicken. Denken Sie auch daran, die Longe zu wechseln.

Dabei greifen Sie einfach um. Waren Sie zuvor auf der linken Hand und hatten dementsprechend die Longe in der linken Führhand, greifen Sie jetzt mit der rechten Hand die Longe, die zum Kappzaum geht und nehmen den Longenrest sowie die Peitsche wieder in die linke Hand.

Bitte üben Sie den Handwechsel und das Umgreifen der Longe und Touchiergerte, um Ihre Einheiten flüssig zu gestalten.

Der Handwechsel ist mehr, als nur die Seite zu wechseln. Sie beziehen dabei Position und bewegen Ihr Pferd, und nicht umgekehrt.

Bleiben Sie während des Handwechsels stehen und lassen Sie das Pferd sich bewegen. Um Ihre Position nicht zu verlieren und um sicherzustellen, dass Sie sich nicht bewegen, verwenden Sie einen Hula-Hoop-Reifen. Legen Sie ihn in die Mitte der Quadratvolte. Bei einem Handwechsel stellen Sie sich in den Reifen, lassen das Pferd auf sich zukommen und die Seite wechseln. Bleiben Sie in Ihrem kleinen Kreis wie angewurzelt stehen.

Zeigen Sie dem Pferd ganz klar, in welche Richtung es gehen soll. Strecken Sie die Führhand aus und weisen Sie in die Richtung, in die es wenden soll. Mit der Touchiergerte und dem Longenende »begrenzen« Sie den Weg zu der anderen Seite.

So führen Sie den Handwechsel durch.

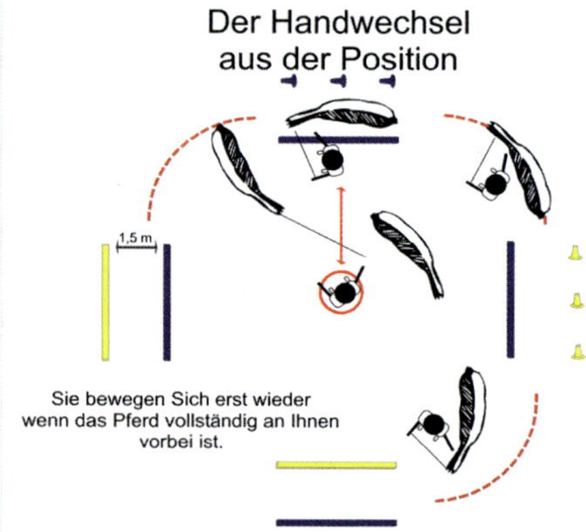

Bitten Sie das Pferd zu sich.

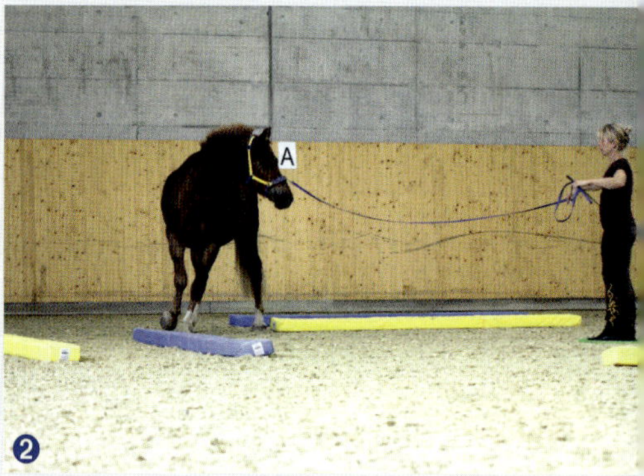

Wechseln Sie Longe und Gerte in die andere Hand.

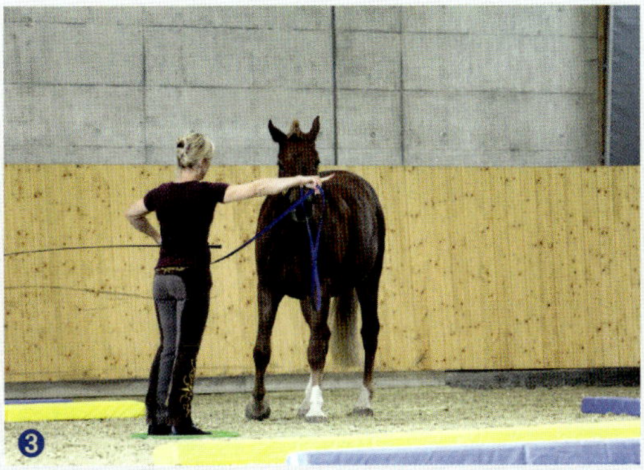

Das Pferd sollte willig an Ihnen vorbeigehen und Sie nicht anrempeln oder stehen bleiben.

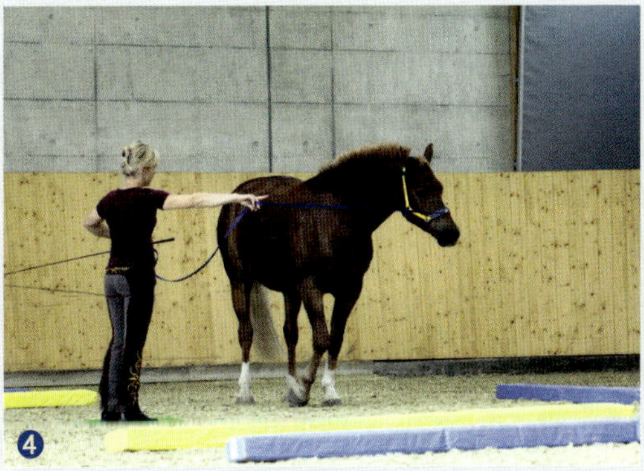

Schicken Sie das Pferd auf der anderen Hand wieder in die Quadratvolte.

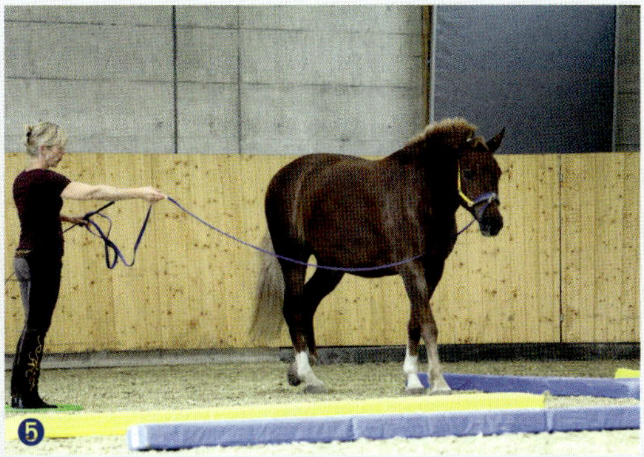

Während des gesamten Handwechsels bewegen Sie sich nicht. Erst wenn das Pferd wieder in die Quadratvolte eingefädelt hat, dürfen Sie sich wieder rühren.

Ein Hula-Hoop-Reifen hilft Ihnen, Ihre Position zu halten.

Üben Sie den Handwechsel, bevor Sie mit der Equikinetic beginnen, da er flüssig ablaufen sollte.
Beziehen Sie Position, und lassen Sie sich nicht vom Pferd bewegen!

Der Pferdehals

Um eine korrekte Innenstellung zu ermöglichen, sollte der sogenannte Unterhals des Pferdes nicht angespannt sein.
Machen Sie den Selbstversuch: Ziehen Sie Ihr Kinn an die Brust, spannen den Halsmuskel an und versuchen, den Kopf hin- und herzudrehen (da verspannt gleich noch mehr dabei). Spannen Sie dagegen nur die hintere Halsmuskulatur (beim Pferd die obere Halsmuskulatur) an, indem Sie den Kopf zuerst nach vorne beugen, ist das ohne Weiteres möglich.

Beim Pferd kann man diese Abgrenzung zwischen der unteren Muskulatur und der oberen Muskulatur des Halses sehr schön sehen. Sie grenzt sich durch eine Rinne ab. Früher bezeichnete man das als Dressurrinne, da sie bei gut gerittenen Dressurpferden sehr charakteristisch ist. Also oben gespannt und unten fluffig, wabbelig, locker und entspannt.
Ist die Unterseite des Halses stark ausgeprägt, die Halsoberseite dagegen wenig bemuskelt, spricht man von einem so genannten Hirschhals. Manche Pferde haben eine gewisse Veranlagung dazu, es kann also durchaus angeboren sein.
Die häufigere Ursache für einen solch stark ausgeprägten Unterhals, zeugt jedoch von falschem Training. Durch falsches, mechanisches Einwirken der Hände verspannt das Pferd die untere Halsmuskulatur, die Hand zieht und hält gegen die Bewegung des Pferdes den Kopf und den Hals. Das Pferd spannt die untere Halsmuskulatur an, um dem Zug entgegenzuwirken.
Die unteren Halsmuskeln, die sich dann bei einem ausgeprägten Hirschhals oft hart anfühlen, werden immer prägnanter, die obere Halsmuskulatur bildet sich dagegen zurück.

Eigentlich fatal, bedenkt man, dass die obere Halsmuskulatur einen maßgeblichen Teil dazu beiträgt, einen Reiter tragen zu können.
Die Bewegungen der Hinterhand kommen vorne nicht mehr an. Das Pferd verspannt sich. Auch eine ordentliche Rückentätigkeit ist nicht mehr möglich.
Nicht jedes Pferd kommt mit schön konvex geschwungenem Hals zur Welt. Es gibt Pferdehälse in allen Variationen. Robustrassen haben oft einen kurzen, kompakten und kräftigen Hals. Bei anderen Pferden ist er lang und schon etwas fragil. Dementsprechend lassen sich auch nicht alle Pferde gleich leicht biegen, oder sie sind so wendig, dass sie an eine Schlange erinnern.
Um eine Stellung zu erreichen, damit die Biegung vom Genick zur Schweifrübe gleichmäßig verläuft, brauchen Sie, also je nach Pferd, auch hier etwas Geduld und eventuell etwas mehr Zeit.
Pferde haben nicht alle die gleiche Kopf-/Halshaltung. Das eine Pferd trägt den Kopf gerne etwas höher, denken wir etwa an den Araber,

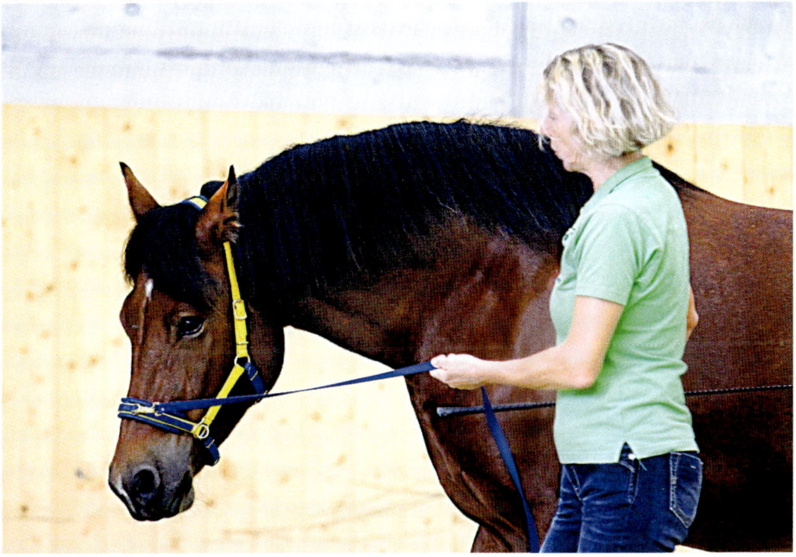

Ein schön konvex geschwungener Hals hilft der Tragemuskulatur, sich zu entwickeln.

Spannt das Pferd die Unterhalsmuskulatur an,entwickelt sich auf Dauer der so genannte Hirschhals und die obere Halsmuskulatur bildet sich zurück.

das andere trägt die Kopf-/Halsachse etwas tiefer. Alle Pferde sind verschieden und individuell. Deshalb fällt es dem einen Pferd von Haus aus leichter, sich zu stellen, und dem anderen etwas schwerer.

Denken Sie daran und berücksichtigen Sie das während Ihrer Arbeit. Ein Standardmodell »Pferd« gibt es nicht. Achten Sie darauf, dass Ihr Pferd nicht überstellt wird. Vermeiden Sie Dauerzug. Das Pferd kann aufgrund seines Exterieurs, aufgrund seiner Schiefe, da es sich noch nicht ausbalancieren kann, nicht immer auf Anhieb in der korrekten Innenstellung gehen. Geben Sie stets nur Impulse an der Longe, die in einer leichten Verbindung (also leicht gespannt) mit der Pferdenase steht. So erhalten Sie einen Kontakt und eine Kommunikation ist möglich, um das Pferd korrigieren zu können.

Von der Dehnungshaltung in die Aufrichtung

Natürlich geht auch in der Equikinetic kein Weg an der Ausbildungsskala vorbei. Takt und Losgelassenheit sind die ersten beiden Punkte, die zu Beginn der Ausbildungsskala genannt werden, und da stehen sie nicht umsonst. Wir fügen ihr sogar noch einen Punkt hinzu: Die Aufmerksamkeit, die Ihr Pferd aufbringen muss, um auf Ihre Hilfen zu reagieren. Dieser Punkt zieht sich durch die ganze Ausbildungsskala hindurch.

Um Ihr Pferd so zu arbeiten, dass es locker und gleichmäßig läuft, ist es unabdingbar, dass es Ihnen zuhört. Nur so werden Sie in der Lage sein, mit ihm effektiv arbeiten zu können.

Das Argument »Mein Pferd hat zu viel Energie«, ist eigentlich rasch widerlegt. Pferde können, um in der Equikinetic zu arbeiten, gar nicht genug Power mitbringen. Es liegt nur an Ihnen, sie zu steuern und zu nutzen. Dazu muss das Pferd Ihnen zuhören.

Meistens ist es nicht zu viel Energie, sondern die Angst Ihres Pferdes, das Gleichgewicht zu verlieren. Es hat nicht genug Power und ist zu angespannt. Diese Anspannung muss abgebaut, und die Energie in die richtigen Bahnen gelenkt werden.

Im Schritt treten meist keine Probleme auf, aber sobald es antraben soll, sinkt die Bereitschaft, Ihnen zuzuhören, gegen Null. Das Pferd rennt nur im Kreis herum und zieht an der Longe. Dadurch wird sein Balanceproblem nur verstärkt und es schaukelt sich alles hoch. Das Pferd rennt, Sie halten mit der Longe dagegen. Das Pferd rennt noch schneller und mittlerweile ist die Hinterhand auf dem 4. Hufschlag angelangt. In diesem Zustand kann Ihnen Ihr Pferd gar nicht mehr zuhören. Es ist nur damit beschäftigt, irgendwie um die Kurve zu kommen.

Beim nächsten Versuch in der Equikinetic, wird es dann schon verspannt in die Quadratvolte gehen, da es ja gelernt hat, irgendwie da rumzukommen, wenn es nur genügend Tempo hat. Versuchen Sie es ruhigzuhalten, achten Sie auf Ihre Körpersprache und auf Ihre Position, um das Problem nicht zu verstärken.

Hier ist es individuell verschieden, dem Pferd klarzumachen, dass es besser um die Kurve kommt, wenn es zunächst ganz langsam trabt. Noch bevor auch nur annähernd über eine fleißige Hinterhand nachgedacht werden kann, sollte es einigermaßen entspannt und ruhig durch die Quadratvolte traben (siehe auch Abschnitt Trab).

Um eine korrekte Innenstellung und gleichmäßige Biegung zu fordern ist es notwendig, dass das Pferd locker läuft. Spannt es sich im Rücken oder Hals an, können die Muskelketten nicht zusammenarbeiten. Läuft es locker im Takt und mit einer aktiven Hinterhand und

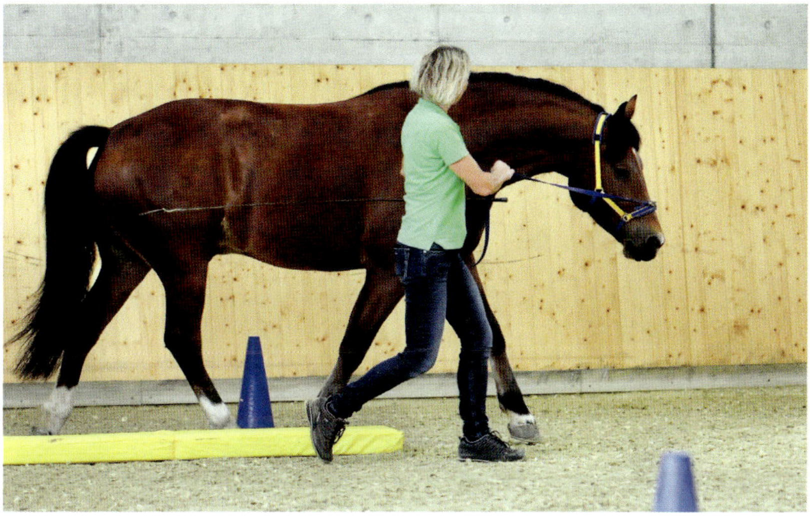

Dehnungshaltung in die Aufrichtung: Die korrekte Dehnungshaltung fördert den Aufbau der Tragemuskulatur.

zunächst unverspannt in natürlicher Balance, werden sich Kopf und Hals des Pferdes, da der Rücken diese Bewegung durchlässt, beginnen zu senken. Ein gesenkter Kopf signalisiert Losgelassenheit.

Um eine wirksame Muskelarbeit zu erreichen, sollte das Pferd, wie oben beschrieben (Abschnitt »Der Pferdehals«), zunächst in die Dehnungshaltung gebracht werden. Der Oberhals wird konvex gespannt, das Pferd ist leicht vor der Senkrechten, die Maulspalte befindet sich auf Höhe des Buggelenkes, die Hinterhand tritt fleißig unter und das Pferd schwingt im Rücken mit.

Diese Haltung ist zunächst anstrengend für das Pferd und es möchte den Kopf weiter senken und die Hinterbeine beginnen, weniger gut unterzutreten. Sie können das Pferd mit einem akustischen Signal, Ihrer Körpersprache und der Touchiergerte auffordern, wieder fleißiger unterzutreten.

Bei einem Pferd, das von Natur aus den Kopf etwas höher trägt oder sehr zur Verspannungen neigt, ist es anfangs auch zulässig, es mal mit der Nase im Sand laufen zu lassen, damit es sich entspannt. Daraus kann dann die Dehnungshaltung erarbeitet werden.

Hat Ihr Pferd einen fleißigen Arbeitstrab erreicht, versuchen Sie, dieses Tempo zu halten. Je mehr dabei die Hinterhand aktiv untertritt, ohne dabei schneller zu werden, umso mehr positive Spannung baut sich im Pferdekörper auf. Die Hinterbeine und die Hinterhand beginnen, sich zu beugen, und das Pferd wird den Kopf, konform dazu, etwas anheben. Obere und untere Verspannung arbeiten gleichmäßig zusammen, während Ihr Pferd in dieser Haltung in Innenstellung und Biegung durch die Quadratvolte läuft.

Aktive Hinterhand

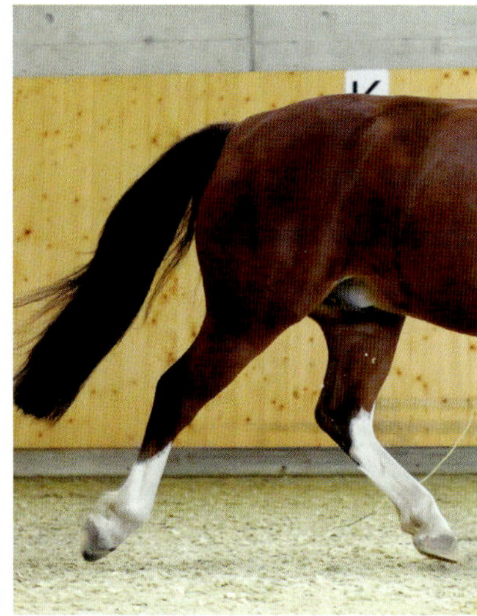

Eine aktive Hinterhand tritt fleißig nach vorne und erlaubt das Zusammenspiel der Muskelketten.

Fleiß – aktive Hinterhand

Das Ziel in der Equikinetic ist es, dass das Pferd im Takt läuft und mit der Hinterhand aktiv unter seinen Schwerpunkt tritt. Drückt ein Pferd, warum auch immer, den Rücken weg, wird die Hinterhand nicht aktiv sein. Ist die Hinterhand nicht aktiv, werden die Rückenmuskeln, und nicht nur diese, nicht arbeiten. Es hängt nicht nur von der Schrittweite ab, ob die Hinterhand aktiv ist. Stellen Sie sich die Piaffe vor. Da haben wir keine Schrittweite.

Eine fleißige Hinterhand erfordert einen Kraftaufwand. Die meisten Pferden fehlt aber genau diese Kraft, um das leisten zu können.

Die Hinterhand muss erst genügend Muskelmasse und Kraft besitzen, um korrekt unter den Schwerpunkt zu treten. Das wird in der Equikinetic langsam erarbeitet und ist das Ziel, also haben Sie ein bisschen Geduld, um die Hinterhand »in die Gänge« zu bekommen.

Stellung in der Arbeitsphase

Jede Stellung und Biegung muss erst langsam erarbeitet werden. Bedenken Sie, die Balance muss gehalten werden und die Koordination der Hinter- und Vorhand passt noch nicht zusammen. Das ist für Ihr Pferd richtig anstrengend, in dieser neuen Körperhaltung zu laufen. Da macht die Muskulatur anfangs noch nicht mit, da sie schlichtweg noch zu wenig ausgebildet und der Kraftaufwand zu groß ist.

Es gibt Pferde, die halten sich regelrecht fest im Hals. Das heißt, sie nehmen den Kopf höher und verspannen die Muskulatur. Damit ein Pferd gestellt werden kann, muss es losgelassen sein. Erst, wenn es sich nicht mehr verspannt, sind eine korrekte Innenstellung und Biegung möglich.

Aber die neue Innenstellung ist anstrengend. Das Pferd benutzt Muskelgruppen, die vorher nicht zum Einsatz kamen und noch nicht kräftig genug sind, um mühelos all die Arbeitsphasen einer Equikinetic-Einheit zu absolvieren.
Um die Muskeln zu entspannen und aus dieser anfangs anstrengenden Stellung und Biegung herauszukommen, möchte das Pferd seinen Hals strecken. In den Pausen darf es das auch. Auch während der Einheiten darf das Pferd hin und wieder seinen Hals lang machen und mit der Nase zu weit unten laufen. Die Betonung liegt hier allerdings auf hin und wieder. Mehr als 2–3 Schritte sollten es nicht sein.

Schafft Ihr Pferd es noch nicht, die geforderte Innenstellung und Biegung zu halten, werden aus anfangs 60 Sekunden Arbeitseinheit im Schritt nur 30 Sekunden in Stellung gearbeitet, oder Sie lassen es zwischendurch aus der Stellung heraus, damit es sich kurz strecken darf. Grundsätzlich müssen Sie auf das Tempo achten, in dem in der Equikinetic gearbeitet wird. Es sollte dem Pferd immer angepasst sein. Es gibt noch weitere Zeichen der Überforderung, aber falls das Pferd beginnt, nur noch mit der Nase im Sand laufen zu wollen, sind die Muskeln »müde« und am Ende ihrer Kraft.

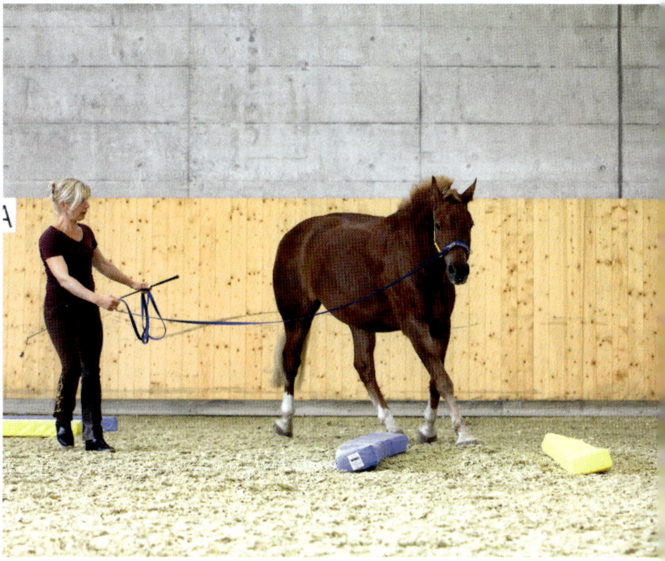

Stellung in der Arbeitsphase: Für Pferde ist es anfangs schwer, die geforderte Stellung und Biegung konstant zu halten.

WISSENSWERTES

Minimale Innenstellung: *äußeres Auge auf der Höhe des äußeren Buggelenkes. Die maximale Stellung, um noch korrekt zu gehen, ist das äußere Auge auf der Höhe des inneren Buggelenkes. Ein häufiger Fehler, der bei der Equikinetic gemacht wird, ist das Pferd zu überstellen. Es fällt auf die äußere Schulter und versucht, irgendwie das Gleichgewicht zu halten (siehe Abschnitt Stellung und Biegung).*

Begleitendes Longieren in der Equikinetic

In der Equikinetic arbeiten Sie in Schulterposition. Sie gehen auf Schulterhöhe Ihres Pferdes. Ihre Beine sind parallel zu seinen Vorderbeinen. Ihre Fußspitzen sind leicht nach außen in Bewegungsrichtung gedreht, das hat folgenden Effekt: Wird das Pferd linke Hand longiert, dann drehen sich der rechte Hüftknochen und die rechte Schulter zum Pferd nach außen und Sie halten das Pferd »bei sich«. Der linke Hüftknochen und die linke Schulter drehen sich weg vom Pferd, also nach innen. Das signalisiert dem Pferd, in welche Richtung es gehen soll. Vorwärts, geradeaus, nicht nach innen links.

Dabei laufen Sie relativ nah am Pferd. Es gibt jedoch Pferde, die diese Nähe nicht »mögen«. Sie werden unsicher, beginnen mit dem Kopf zu schlagen, werden schneller und wollen Ihnen davonlaufen. Es gibt auch Pferde, die das deutlicher zum Ausdruck bringen. Sie legen ihre Ohren an, drehen den Kopf mit unmissverständlicher Miene zu Ihnen. Und das deuten Sie bitte als das, was es ist, nämlich eine Drohgeste.

Das Pferd fühlt sich dann nicht wohl in seiner Haut. Entweder Sie quittieren dieses Zeichen mit einem klaren »Nein« und das Pferd versteht und arbeitet weiter. Manchmal ist aber eben auch ein strategischer Rückzug, in Form von etwas Abstand, die bessere Alternative.

Es geht darum, dass Ihr Pferd mitarbeitet. Haben Sie den Abstand zum Pferd nach innen erhöht, gehen Sie in einem kleineren Radius immer noch in Schulterposition mit.

Den Gertenknauf benötigen Sie, um zu verhindern, dass das Pferd zu sehr nach innen drückt und auf die innere Schulter fällt.

Setzen Sie den Peitschenknauf mit (vorsichtigem Druck) an der Pferdeschulter an. Es sollte kein Dauerdruck sein, da sich das Pferd sonst dagegen lehnt. Lieber ein kleiner, kurzer Piks, der dem Pferd zu verstehen gibt, die Spur zu halten.

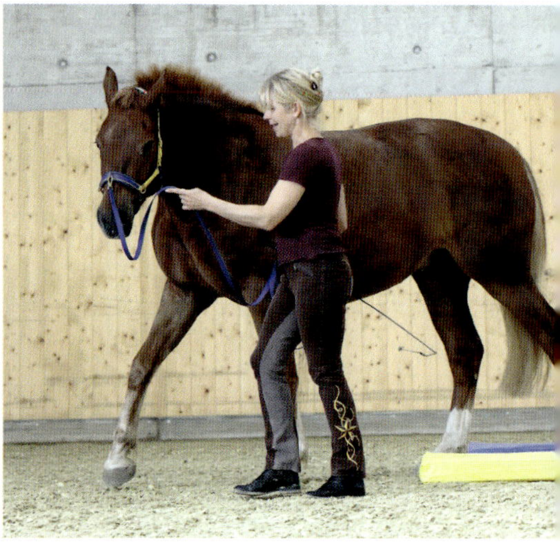

Die beste Position, um das Pferd in der Equikinetic zu arbeiten, ist auf Höhe der Pferdeschulter. An dieser Stelle haben Sie die optimale Einwirkung, um das Pferd zu stellen und eventuell treibend auf seine Hinterhand einzuwirken. Zudem ist der Platz an der Schulter des Pferdes der sicherste.

Manchmal reicht es schon, in Richtung Schulter zu zeigen, und das Pferd weicht. Also bitte sehr vorsichtig anwenden. Die Gassen als innere Begrenzung, Ihre Körperhaltung und eben das Ende der Touchiergerte helfen Ihnen, das Pferd in der richtigen Spur zu halten. Drängelt ein Pferd stark in der Ecke nach innen, hilft es, zusätzlich in jeder Ecke eine Pylone zu platzieren.

Zudem benötigt man die Touchiergerte, um im Takt zu bleiben. Pferde sind wahre Meister darin, das Tempo zu bestimmen, oft so, dass Sie es nicht einmal bemerken. Sie drosseln Ihr Tempo einfach auch. Ein kurzes Touchieren der Hinterhand als Erinnerung und Ihre Schrittlänge sorgen dafür, dass das Pferd aufmerksam bleibt und den Takt hält.

Möchten Sie das Tempo erhöhen, vergrößern Sie Ihre Schrittlänge. Falls das Pferd nicht reagiert, ermuntern Sie dessen Hinterhand mit der Touchiergerte, die Sie sich jetzt zugelegt haben.
Eine Bitte: Rennen Sie nicht neben Ihrem Pferd her. Es macht Sie unfähig, feine Hilfen zu erteilen, da es Ihnen fast unmöglich ist, beim Rennen Ihre Hände ruhig und kontrolliert zu halten. Die 8-m-Quadratvolte ermöglicht Ihnen, dass Ihr Pferd lernt, in Ihrem gewünschten Tempo, auch wenn es sich im Trab befindet, neben Ihnen zu laufen und nicht einfach wegzurennen.

Schritt

Grundsätzlich sollten Sie mit der Equikinetic im Schritt beginnen. Die »Mutter aller Gangarten« sollte nicht unterschätzt werden. Equikinetic ist im Schritt durchaus effektiv und verliert nichts an ihrer »Wirksamkeit«. Schritt ist die Gangart, die Sie wählen sollten, wenn sich Ihr Pferd in der Rehaphase befindet. Pferde mit EMS, Sehnenschäden, Arthrosen oder sonstigem Handicap, sollten die Equikinetic immer im Schritt beginnen.

Auch Pferde mit erheblichen Balanceproblemen, die schlecht koordiniert sind, sich schwer stellen lassen oder ängstlich und unsicher sind, sollten zunächst im Schritt gearbeitet werden. Achten Sie auf einen taktmäßigen, also im gleichmäßigen Viertakt geforderten, fleißigen, raumgreifenden Schritt. Der Schritt ist eine schwunglose Gangart, da es zu keiner Schwebephase kommt und das Pferd jeweils drei Beine am Boden hat. Die Hinterhand sollte ausreichend, das heißt ein bis drei Hufspuren weit über das jeweilige Vorderbein übertreten, und das Pferd sollte in korrekter Innenstellung und Biegung laufen. Wie weit das Pferd übertreten kann, hängt auch etwas vom Exterieur des Pferdes ab.
Gleichmäßiger Schritt bedeutet, dass das Vorderbein auf das Hinterbein wartet, also erst den Boden verlässt, kurz bevor das Hinterbein nach vorne auftritt.

Ausschlaggebend für einen guten Schritt ist jedoch nicht nur, wie weit ein Pferd übertritt, sondern auch, wie gut es im Takt läuft. Das Pferd sollte eine gleichmäßige Schrittlänge erreichen. Man spricht davon, dass das Pferd »lang und kurz« geht. Die Hinterbeine haben eine unterschiedliche Schrittlänge, ein Bein macht einen längeren Schritt als das andere, und die Muskelketten arbeiten nicht gleichmäßig zusammen. Ein übereilter, untaktmäßiger Schritt könnte das Pferd dazu veranlassen, passartig zu laufen, nämlich dann, wenn es beginnt, sich zu verspannen. Das ist insbesondere dann der Fall, wenn es zum Pass schon eine Anlage hat. Sollte es bereits Pass laufen, versuchen Sie ein gleichmäßiges, nicht übereiltes Tempo zu halten. Es ist durchaus möglich, dass Ihr Pferd den Pass aufgibt, wenn es gelernt hat, entspannt und taktrein zu gehen. Bei angerittenem passartigem Schritt ist das oft leichter, als wenn das Pferd ihn schon von Natur aus mitbringt.

Schlurft das Pferd im Schritt durch die Quadratvolte, hält sich der Erfolg in Grenzen. Der korrekte Schritt ist also gar nicht so einfach wie man denkt. Nicht jedes Pferd ist von Natur aus mit einem gleichmäßigen Schritt gesegnet. Oft sind angerittene Schrittfehler gefestigt und es ist mühselig, sie zu korrigieren. Der ideale Schritt muss also erst erarbeitet werden. Kein Grund jedoch, nicht mit der Equikinetic zu beginnen. Es ist noch kein Meister vom Himmel gefallen, gerade vom Boden aus ist es oft leichter, den Schritt zu verbessern.

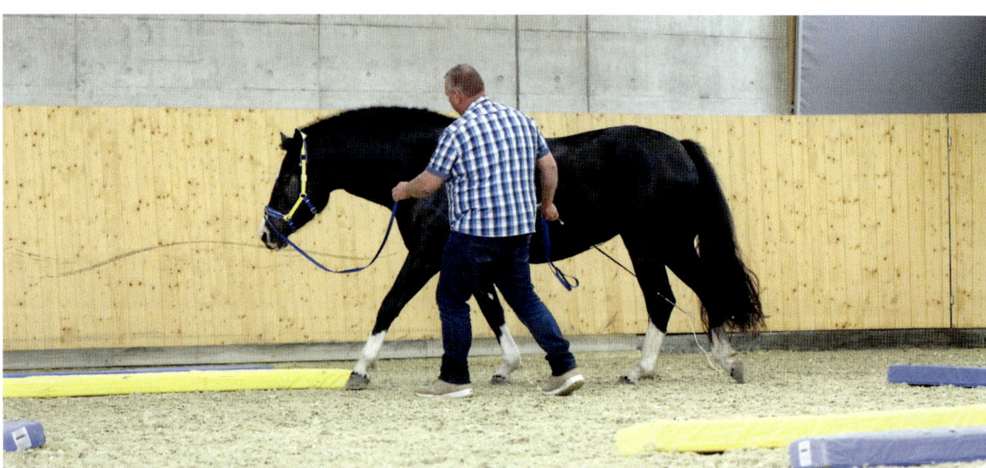

Das Pferd sollte einen raumgreifenden, fleißigen und gleichmäßigen Schritt gehen. Equikinetic erzielt im Schritt sehr gute Ergebnisse. Pferde, die nicht traben dürfen, können im Schritt auf diese Weise effizient gearbeitet werden.

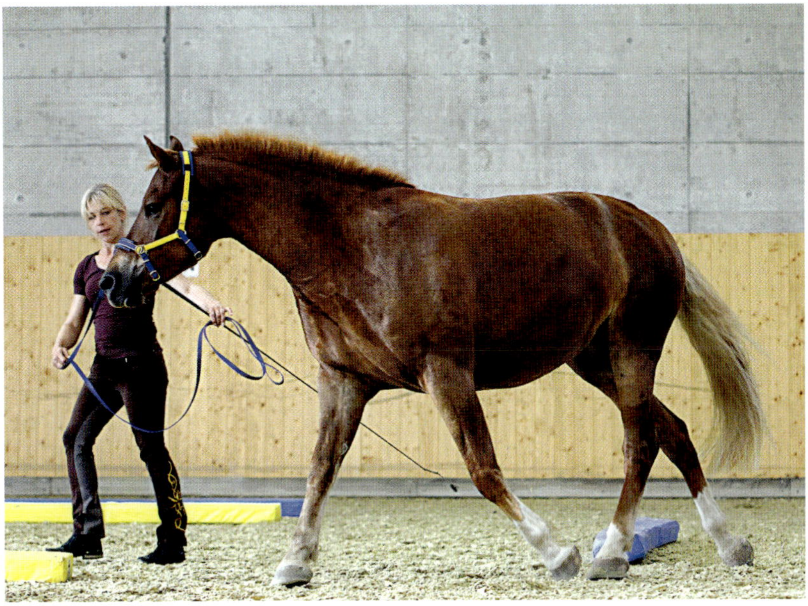

Im Trab fällt es anfangs vielen Pferden schwer, die Balance zu halten.

Trab

Auch hier gilt an erster Stelle: Finden Sie den Takt Ihres Pferdes. Der Trab ist definiert als lateraler Zweitakt, also linkes Vorderbein und rechtes Hinterbein gleichzeitig, aber nicht gleichseitig. Zwischen den Tritten kommt es zur Schwebephase. Damit ist der Moment gemeint, in dem kein Bein den Boden berührt. Das Hinterbein spurt wenigstens in die Spur des Vorderbeines und das Pferd läuft in der gleichmäßigen Längsbiegung durch die 8-m-Quadratvolte.

Wir möchten, dass das Pferd perfekt gestellt und gebogen durch die Quadratvolte läuft. Es soll dabei gerade gerichtet sein und einen taktmäßigen, sauberen Arbeitstrab gehen. Der Weg zu einem schönen Trab in Innenstellung und Biegung ist ein Lernprozess für das Pferd. Es gibt Pferde, die arbeiten gegen die Zentrifugalkraft, weil sie zu schnell sind, andere reduzieren das Tempo auf ein Minimum. Den Hals nach innen zu stellen und dabei den Rumpf und die Hinterhand auf der Quadratvolte mitzubiegen, ist ein Kraft- und Balanceakt. Im Trab ist das Gleichgewicht deutlich schwerer zu halten als im Schritt, da immer nur zwei Beine den Boden berühren, während im Schritt immer drei Beine am Boden sind.

Indem wir das Pferd nach innen stellen, zeigen wir ihm, welchen Weg es durch den Kreis nehmen soll. Durch die Schulterposition verhindern wir, dass es auf die innere Schulter fällt. Die äußeren Gassen verhindern, dass das Pferd zu sehr mit der Hinterhand ausschert und begrenzen die äußere Schulter. Die inneren Gassen der Quadratvolte garantieren, dass die Gleichmäßigkeit der Volte erhalten bleibt und halten es in der Spur. Der ausschlaggebende Faktor, damit das Pferd diese Hilfen annimmt, ist, dass es zuhört. Es sollte auf Hilfen reagieren, losgelassen sein und das angepasste Tempo haben, um sich im Trab stellen und biegen zu lassen.

Wählen Sie ein langsames Tempo, in dem es dem Pferd noch möglich ist, Stellung und Biegung zu halten. Wird Ihr Pferd zu schnell, verstärkt sich die Schiefe und es versucht, sich irgendwie auf der Volte zu halten.

Person oben: Führposition im Schritt

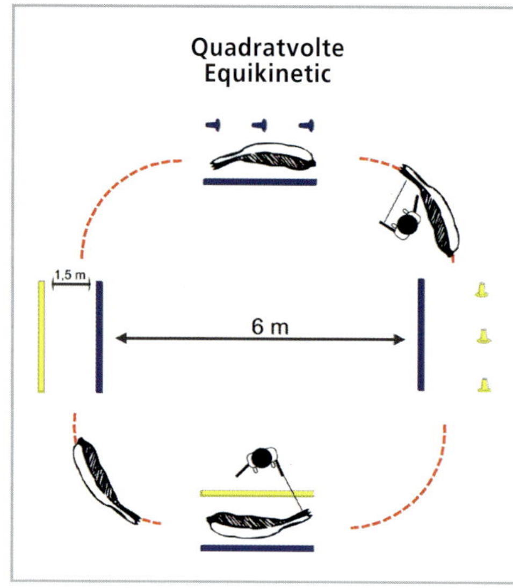

Person unten: Führposition im Trab. Man steht in einer größeren Distanz zum Pferd.

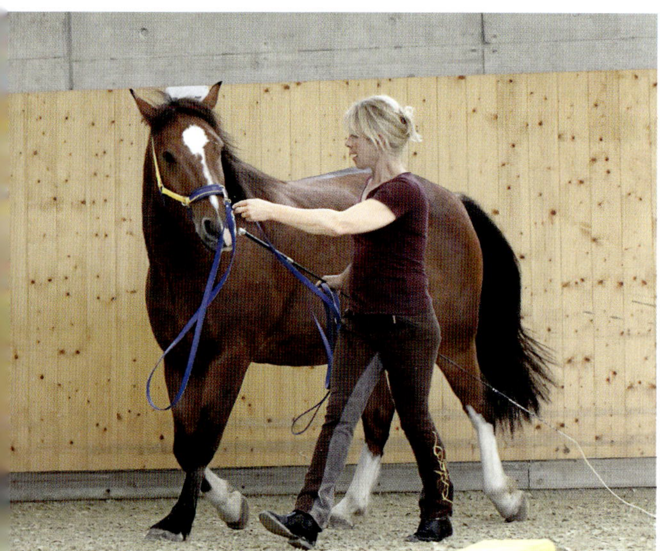

Es gibt Pferde, bei denen es manchmal besser ist, etwas Abstand während des Trabs zu halten. Pferde, die den Kopf und Hals selber zu weit nach innen drehen, entziehen sich der korrekten Stellung.

Viele Pferde kompensieren die Geschwindigkeit, um noch in der Quadratvolte zu bleiben, indem sie in Schräglage kommen. Sie hängen in der Kurve wie ein Motorradfahrer, sind zu schnell, haben Stress und noch nicht die Kraft, ihren Körper aufrecht zu halten. Verlangsamen Sie den Trab zunächst so, dass Ihr Pferd nicht mehr nach innen hängt, auch wenn es dabei anfangs untertourig läuft. Erarbeiten Sie die Stellung und Biegung im langsamen Trab und steigern Sie sie Schritt für Schritt.

Andere Pferde kompensieren ihre Schiefe durch Schlurftempo. Fordern Sie etwas mehr Tempo, gerade so viel, dass das Pferd die Balance nicht verliert, bis es seinen Takt in Innenstellung gefunden hat. Arbeiten Sie so lange daran, bis das Pferd langsam, aber fleißig trabt. Das Pferd sollte mit den Hinterbeinen zumindest in die Spur der Vorderbeine treten und dabei nicht mit den Zehen am Boden schleifen. Dazu benötigt es die nötige Kraft, es ist anstrengend und Ihrem Pferd wird auch das mit regelmäßigem Training leichter fallen.

Die Equikinetic verbessert den Muskelzustand der gesamten Hinterhand und je besser Ihr Pferd trainiert ist, umso leichter fällt es ihm. Tritt es also anfangs noch nicht unter den Schwerpunkt, fußt es mit den Hinterbeinen noch nicht einmal in die Nähe der Vorderhufe, werden Sie bitte nicht ungeduldig. Durch das Laufen auf einer 8-m-Volte wird eine leichte Beugung des inneren Hinterbeines notwendig. Das Hinterbein wird vermehrt zur Lastaufnahme und zu einer gesteigerten Beweglichkeit angeregt. Um die Tragkraft zu fördern, ist das effektiver als wenn es nur geradeaus läuft.

Lässt sich Ihr Pferd im langsamen Trab stellen und biegen, können Sie es mit der Touchiergerte zusätzlich dazu animieren unterzutreten, in dem Sie leicht seine Hinterbeine touchieren. Langsamer Trab heißt nicht schlurfen und Tempo hat nicht zwingend etwas mit Fleiß zu tun!

Wir traben also langsam, sehr langsam, aber mit fleißiger Hinterhand. Nicht »schlurfig«. Bis das Pferd genügend Muskulatur hat, begnügend wir uns damit. Ganz nach dem Motto »Funktion vor Form« soll das Pferd sein Gleichgewicht und die Balance in diesem Tempo finden dürfen. Ziel ist der versammelte Trab. Tempo ist nicht das Maß, mit der die Equikinetic gemessen wird. Eine fleißige Hinterhand wird nicht in Kilometer pro Stunde gemessen Im langsamen Trab ist es leichter, gerade zu werden. Rennt ein Pferd wie ein Hamster im Rad durch die Quadratvolte, versucht es irgendwie um die Kurve zu kommen. Dabei wird es krumm und schief. Es fällt auf die äußere oder die innere Schulter und die Hinterhand verabschiedet sich nach außen.

Der Dehnungs-Verkürzungs-Zyklus (DVZ)

Zudem sorgt ein nur schneller Trab dafür, dass die Reaktivkraft oder der Dehnungs-Verkürzungs-Zyklus zum Tragen kommen. Der DVZ setzt eine schnelle Bewegung des Pferdes voraus.

Fußt das Pferd auf, dehnt sich der Muskel und wird verlängert, ähnlich wie ein Gummiband. Das nennt man exzentrische Kontraktion. Hierbei wird Energie gespeichert. Diese wird, wenn das Pferd abfußt, in der extensiven Kontraktion frei gegeben, also wenn sich der Muskel wieder zusammenzieht. Die Energie wird nicht nur in den Muskeln, sondern auch in den Sehnen (Pferde haben sehr lange Exemplare) sowie im Bandapparat und in den Faszien gespeichert.

Dazu bedarf es allerdings eines schnellen Impulses, der dieses auslöst.
Der DVZ ist ein Kraftverstärker, mit dem bei gleicher Muskelkraft mehr geleistet werden kann. Das zeigt sich etwa beim Trabrennpferd oder beim Känguru, das durch Australien hüpft.

Im langsamen Trab setzen wir den DVZ aus, um das Muskelwachstum, die Hypertrophie, anzuregen. Die Muskulatur der Hinterhand braucht ohne den DVZ wesentlich mehr Kraft, um im langsamen Trab aktiv zu sein. Dieses sorgt zunächst für das Wachstum der Muskulatur. Später, wenn die Hinterbeine mit Schwung nach vorne abfußen können, wird der DVZ wieder ausgelöst und das Pferd spart an Energie.

MERKE

Die Versammlung geht auf Kosten der Schrittweite. Beugt das Pferd die Hanken in der Volte, braucht es Kraft, um eine größere Schrittweite zu erreichen. Beim versammelten Trab tritt das Pferd mit den Hinterhufen in die Spur der Vorderhufe.

Fußt Ihr Pferd im Trab anfangs nicht weit genug nach vorne, ist das oft kraftbedingt. Die Muskulatur dafür muss erst aufgebaut werden.

Galopp

Vom Galopp raten wir bei der Equikinetic gänzlich ab. Voraussetzung für den Galopp wäre, dass das Pferd ihn beherrscht. Es muss einen klaren Dreitakt springen und gut unter den Schwerpunkt treten. Dabei muss es auf der 8-m-Volte mindestens 8-mal eine Minute lang die Balance und Koordination in korrekter Innenstellung und Biegung am Kappzaum behalten. Die Gefahr, dabei falsch zu lasten, ist groß, daher ist vom Galopp klar abzuraten.

Aufwärmphase und Regeneration

Wenn Sie Ihr Pferd vor der Equikinetic aufwärmen möchten, gehen Sie mit ihm zehn Minuten zügigen Schritt. Zum »Cool-Down« oder in der Regenerationsphase reicht es dagegen aus, wenn Sie es sich noch fünf bis zehn Minuten im langsamen Tempo etwas erholen lassen.

10 bis 15 Minuten fleißiger Schritt vor der Equikinetic ist vor allem bei Pferden wichtig, die an einem Handicap wie Arthrose leiden.

DER 90-TAGE-PLAN

Bei Jungpferden, Pferden mit Verspannungen oder in einer Aufbauphase nach einer Erkrankung empfehlen wir den 90-Tage-Plan ganz besonders.

Machen Sie mit Ihrem Pferd über einen Zeitraum von 90 Tagen jeden zweiten Tag Equikinetic. Wir empfehlen, während dieser 90 Tage an den Pausentagen nicht zu reiten! Es ist uns bewusst, dass es den meisten Reitern nicht leichtfällt, ihr Pferd 90 Tage nicht zu reiten. Aber glauben Sie uns, es ist das Beste, was Sie für Ihr Pferd tun können. Jeder, der diesen 90-Tage-Turnus durchgehalten hat, berichtet uns, wie gut das Pferd danach zu reiten ist. Seien Sie sich sicher: Ihr Pferd wird es Ihnen danken und Sie werden vom Ergebnis begeistert sein!

Wie oft trainiere ich, und kann ich dann noch etwas anderes tun?

Um eine solide Trainingsgrundlage zu erhalten oder wenn sich Ihr Pferd in einer Aufbauphase befindet, empfehlen wir die Equikinetic, um die Muskulatur aufzubauen, dreimal wöchentlich über einen Zeitraum von ca. 12 Wochen anzuwenden. Um die aufgebaute Muskulatur zu erhalten reicht es, wenn Sie einmal in der Woche eine Equikinetic-Einheit einbauen.

Anstatt zu longieren, kann Equikinetic wunderbar eingesetzt werden, um die Pferde noch effizienter zu gymnastizieren. Ein- bis zweimal die Woche als effektives Training angewandt, hilft sie nicht nur Muskulatur aufzubauen und zu erhalten, sondern das Pferd auf beiden Seiten gleichmäßig und korrekt gestellt und gebogen »durchzuarbeiten«.

Pferde lassen sich dadurch auch beim Reiten geschmeidiger stellen und biegen. Equikinetic lässt sich problemlos ins Wochentraining oder den ganz normalen Reiter-/Pferdealltag einbinden, und die Vorteile, die sie bietet, können mit wenig Aufwand gezielt genutzt werden.

Unterschätzen Sie die Equikinetic nicht. Sie ist für Ihr Pferd mental und körperlich sehr anstrengend. Sie werden Mühe haben, Ihren Stallkollegen zu erklären, warum Sie im Sinne Ihres Pferde auf einen anschließenden Ausritt verzichten. Allerdings werden diese von Ihren Erfolgsergebnissen überzeugt sein.

So könnte ein Wochenplan mit der Equikinetic aussehen

Sie haben sich für ein 8–12 Wochen Equikinetic-Programm im 48-Stunden-Rhythmus entschieden und bauen danach die Equikinetic in Ihren Wochenplan ein. Sie können auch auf die Aufbauphase verzichten und sie direkt in Ihren wöchentlichen Arbeitsplan aufnehmen.

Montag	Equikinetic
Dienstag	Aktivpause
Mittwoch	übliche Arbeit
Donnerstag	Equikinetic
Freitag	Passivpause
Samstag	übliche Arbeit
Sonntag	Gelände

Während der Passivpause kann Ihr Pferd auf die Koppel oder Sie reiten mit ihm am langen Zügel im Schritt aus. Es gibt viele Möglichkeiten, sich mit seinem Pferd zu beschäftigen. Mit Pause ist nicht gemeint, dass Ihr Pferd sich nicht bewegen darf. Es gibt Pferde, die brauchen allerdings auch einmal eine mentale Pause vom Training, um ausgeglichen zu bleiben.

Das Programm für die Pausentage

Die 48-Stunden-Regenerationsphase zwischen den Einheiten ist notwendig, damit sich die Muskulatur des Pferdes erholen und wachsen kann (siehe Abschnitte Pause und 48 Stunden Pause). Was aber können Sie an den Pausentagen machen? Sie können wählen zwischen einer passiven und einer aktiven Pause.

Passivpause

Wählen Sie die passive Form, stellen Sie Ihr Pferd auf die Koppel oder lassen es im Lauf- und Bewegungsstall.

Es hat genügend Möglichkeiten, sich selbst zu bewegen, so wie es ihm angenehm ist.

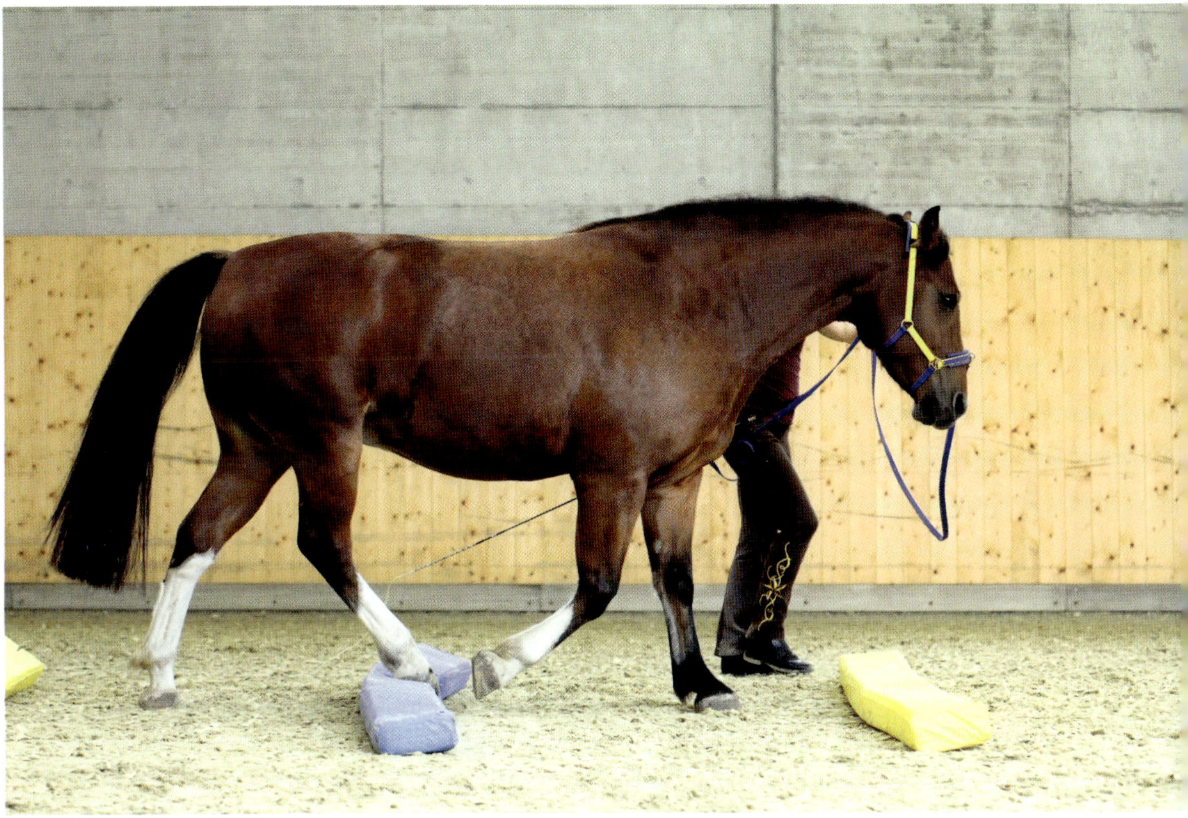

Um einen strukturierten Pausenplan zu haben, können Sie sich ein Programm zusammenstellen. Gerade bei Pferden, die im Kopf beschäftigt werden wollen, kann es sinnvoll sein, sie mit immer neuen Aufgaben zu konfrontieren.

Aktivpause

Wählen Sie die Aktivpause, dürfen Sie im Grunde alles machen, nur die Muskulatur nicht zu stark belasten. Die Aktivpause ist dazu gedacht, Ihrem Pferd sinnvolle Bewegung zukommen zu lassen, ohne dass die Muskulatur dabei überfordert wird und sich regenerieren kann. Hier empfehlen wir ebenfalls, das Intervalltraining einzubauen. In den Aktivpausen wird das Intervalltraining dem Muskelaufbau keine vermehrten Wachstumsanreize vermitteln; allerdings können Sie den Vorteil der Vorhersehbarkeit mit übernehmen und die Aktivpause klar strukturieren.

Vorschlag für die Aktivpause

Führen Sie Ihr Pferd drei Minuten in zügigem Schritt geradeaus durch die Halle, über den Platz oder auch durchs Gelände. Nach den drei Minuten bekommt es eine Pause von einer

Minute. Auch hier darf es locker und in einem langsamen Tempo neben Ihnen gehen. Diese aktiven Schrittphasen wiederholen Sie sechsmal. Nach den Schrittphasen lassen Sie das Pferd drei Minuten locker an der Hand traben und in der einminütigen Pausenphase wählen Sie wieder den entspannten Schritt. Die Trabphase können Sie zweimal wiederholen. Natürlich kann dieses Programm auch geritten werden. Ob Sie es nun vom Sattel aus wählen oder das Pferd an der Hand bewegen, bleibt Ihnen überlassen.

Ein anderer Vorschlag wäre, einen Parcours aufzubauen, der Ihrem Pferd ebenfalls eine aktive Pause ermöglicht.

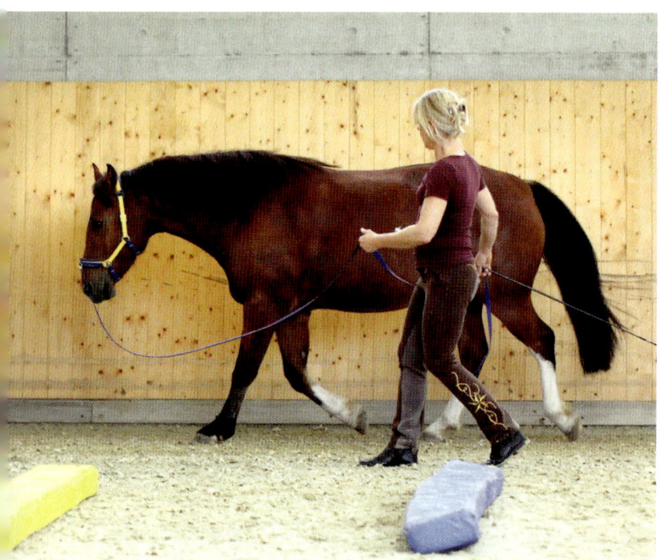

Ihr Pferd sollte auch bei der Aktivpause keine anstrengende Muskelarbeit leisten.

Reiten Sie Ihr Pferd im Parcours im aktiven Schritt in großen Achten über die vier am Boden liegenden Gassen. Lassen Sie die Zügel dabei lang und geben Sie nur minimale Hilfen. Auch hier gilt das Zeitsystem – sechsmal drei Minuten Schritt und zwischen den aktiven Phasen eine Minute langsames, entspanntes Tempo während der Pause. Die Muskulatur Ihres Pferdes wird so nicht überfordert und kann sich nach der Equikinetic-Einheit am Vortag regenerieren.

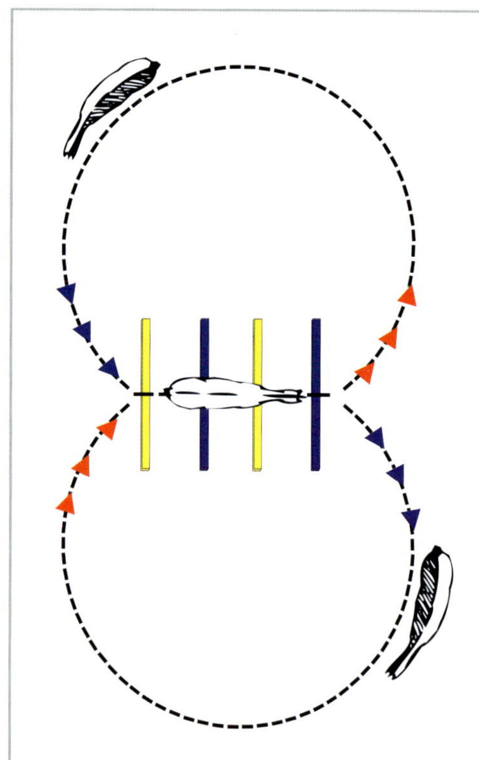

Der Trainingsplan

Eine Trainingsstufe der Equikinetic besteht immer aus einer Arbeitsphase, einem Handwechsel und einer Pausenphase. Sie arbeiten zum Beispiel 60 Sekunden permanent in Stellung und Biegung, dann folgt der Handwechsel und anschließend die Pause. Die Pause beträgt 30–45 Sekunden. Stellen Sie sich in die Quadratvolte, und führen Sie Ihr Pferd in die Gassen. Den Intervalltimer haben Sie auf achtmal eine Minute Arbeitsphase gestellt, die Pauseneinheit beträgt 30–45 Sekunden.

Während der gesamten Arbeitsphasen führen Sie das Pferd in Innenstellung und Biegung durch die Quadratvolte. Es ertönt das Signal zur Pause und es erfolgt ein Handwechsel. Nachdem die Seite gewechselt wurde, hat das Pferd Pause.

Es empfiehlt sich, das Pferd wieder in die Gassen einzufädeln, da die Pause nur kurz ist und somit eine gewisse Gleichmäßigkeit erhalten bleibt.

Während der Pause geben Sie die Innenstellung komplett auf. Ihr Pferd sollte völlig entspannt in ruhigem Tempo entweder außerhalb der Gassen laufen oder stehen.

Zunächst werden die ersten Runden im Schritt gearbeitet. Danach können Sie das Pferd antraben lassen. Wie viele Runden Sie im Schritt machen, hängt individuell vom Pferd ab. Es empfiehlt sich grundsätzlich jede Einheit, egal auf welcher Stufe Sie sich befinden, die ersten zwei bis vier Arbeitsphasen im Schritt zu absolvieren.

Bei Pferden mit Handicaps, z. B. Arthrose, Schäden an den Sehnen, EMS oder Ähnlichem, sollten die Einheiten zunächst komplett im Schritt durchgeführt werden. Natürlich muss bei diesen Pferden jeweils auch die Tagesform berücksichtigt werden.

Die erste Stufe wiederholen Sie solange, bis diese mühelos und ohne Ermüdungsanzeichen klappt. Die nächste Stufe sollte wieder etwas anstrengender werden, da ein Trainingsanreiz gesetzt werden soll.

Achten Sie auf Puls, Atmung und Zeichen der Überforderung, die Ihnen das Pferd anzeigt. Sollte die nächste Stufe, die Sie gewählt haben, noch zu anstrengend sein, gehen Sie wieder in die vorherige zurück.

Beispiel für einen Trainingsplan

So könnte ein Trainingsplan aussehen. Wie lange Sie dabei in den jeweiligen Stufen bleiben, hängt individuell vom Pferd ab.

Wie viele Runden Sie im Schritt absolvieren und ab wann Sie mit dem Trab beginnen, ist ebenfalls individuell vom Pferd abhängig.

TRAININGSEINHEITEN

Eine Arbeitseinheit umfasst 1 Minute, in der in Stellung und Biegung gearbeitet wird. Anfangs werden 8 Arbeitseinheiten ausgeführt. Nach jeder Arbeitseinheit folgen ein Handwechsel und eine Pause von 30–45 Sekunden. Die Pause kann im Schritt oder im Stehen verbracht werden. Entscheidet man sich für den Equiplace, erhöht man die Arbeitsphase auf 1 Minute und 15 Sekunden und die Pause auf 45 Sekunden.

Das Training wird gesteigert auf 12 Arbeitseinheiten, Arbeitsphase und Pause wie beschrieben. Das Trainingsprogramm muss an den jeweiligen Trainingszustand des Pferdes angepasst werden. Auf jede Trainingseinheit folgt eine Pause von mindestens 48 Stunden, um den Muskeln die nötige Regenerations- und Wachstumsphase zu ermöglichen.

Stufe	Anzahl Arbeitseinheiten	Dauer Arbeitseinheiten (Sek.)	Dauer Pause (Sek.)	Handwechsel
1	8	60	30–45	Nach jeder Trainingsphase
2	10	60	30–45	Nach jeder Trainingsphase
3	12	60	30–45	Nach jeder Trainingsphase

Zeichen der Überforderung

Zeigt Ihr Pferd Ermüdungserscheinungen, versucht es etwa andauernd mit der Nase im Sand zu laufen, ist das keine Dehnungshaltung. Die Muskulatur Ihres Pferdes ist müde, brennt etwas und es möchte sich strecken. Beenden Sie das heutige Training.

Schafft Ihr Pferd die geforderte Innenstellung und Biegung noch nicht zu halten, lassen Sie es zwischendurch aus der Stellung heraus, damit es sich kurz strecken darf. Grundsätzlich müssen Sie auf das Tempo achten, indem durch die Equikinetic gearbeitet wird. Oftmals ist das Pferd zu schnell und es kann die Innenstellung nicht halten, da es versucht, das Tempo zu kompensieren.

Zeichen der Überforderung

Achten Sie auf Folgendes:

- Das Pferd stolpert,
- wird langsamer,
- schlägt mit dem Kopf,
- versucht, aus der Stellung zu kommen,
- verwirft sich im Genick,
- rennt bzw. geht durch,
- möchte nicht mehr in die Gassen einfädeln,
- prustet kurz und »hart« nacheinander ab,
- schlägt heftig mit dem Schweif,
- versucht, mit der Nase im Sand zu laufen,
- buckelt.

Läuft Ihr Pferd nur noch mit der Nase im Sand, möchte es die Muskulatur entlasten. Diese ist der anstrengenden »Haltearbeit«, die die Equikinetic fordert, noch nicht gewachsen. In diesem Fall ist es empfehlenswert, die Trainingseinheit zu beenden.

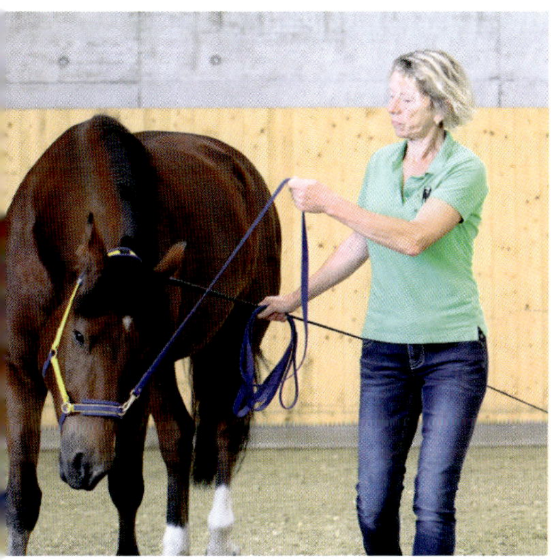

Das Pferd entzieht sich der anstrengenden Muskelarbeit. Nach zwei bis drei Tritten mit solch einer gesenkten Kopfhaltung können Sie versuchen, etwas nachzutreiben und einen Impuls am Kappzaum zu geben, damit das Pferd den Kopf wieder anhebt.

Auch hier möchte sich das Pferd der Anstrengung entziehen und baut Druck auf.

Kopfschlagen ist ebenfalls ein Ausdruck von Überanstrengung.

Kapitel 8

Die wichtigsten Fragen und Antworten auf einen Blick

1. Muss ich mein Pferd vor der Equikinetic aufwärmen?

Am besten halten Sie es so, wie Sie es sonst auch machen würden. Die ersten zwei bis vier Runden werden in der Equikinetic im Schritt gearbeitet. Es ist natürlich abhängig davon, ob Ihr Pferd in einem Laufstall lebt oder gerade von der Koppel kommt. Sollte es schon mehrere Stunden ohne Bewegung in der Box stehen, schadet eine zehnminütige Schrittphase sicher nicht. Bei Pferden mit Arthrose oder sich in der Reha-Aufbauphase befindenden Tieren, zum Beispiel nach einem Sehnenschaden, ist das Aufwärmen dringend zu empfehlen. Dazu gehen Sie mit dem Pferd mindestens zehn Minuten in zügigem Schritt.

In der Equikinetic werden die Pferde zwar auf einem engen Zirkel, jedoch in einem langsamen Tempo, nach einem genauen Zeitsystem gearbeitet. Wenn Sie dies befolgen, ist die Gefahr einer Verletzung praktisch nicht gegeben. Die Muskulatur wird gut durchblutet und die Gelenkschmiere (Synovia) gebildet.

2. Wie ist die optimale Größe der Quadratvolte?

Die Größe der Quadratvolte liegt bei 8 Metern. Somit ist gewährleistet, dass Ihr Pferd optimal arbeitet, denn es wird genötigt, das Laufen zu lernen. Die Größe der Quadratvolte wird nur verändert, wenn es sich um ein sehr kleines Pferd oder eines in der Dimension eines Shirehorses handelt. Ansonsten kommen alle gut in der 8-Meter-Volte zurecht. (Eine Aufbauanleitung finden Sie auf Seite 129ff). In meinem Ausbildungsstall darf kein Pferd auf einem 20-Meter-Zirkel laufen, bevor es das Laufen nicht gelernt hat.

Das geht am besten in der Quadratvolte. Bedenken Sie, dass die Reithallen der Könige auch nur zehn bis zwölf Meter breit waren.

3. Sind so enge Wendungen gut für mein Pferd?

Zunächst einmal: Eine 8-m-Volte ist keine enge Wendung, sondern eine Kreislinie. Pferde müssen erst lernen, auf einer Kreislinie zu laufen. Die Equikinetic arbeitet mit einer 8-Meter-Arbeitsvolte, in der Ihr Pferd in einem gleichmäßigen, ruhigen Arbeitstempo seine Runden dreht. Es lernt hier Stück für Stück, sein hinteres, inneres Bein unter den Schwerpunkt zu setzen, und vor allem, wie es anatomisch korrekt um die Kurve gelangt. Der klassische Picadero, also das Viereck, in dem Pferde seit eh und je gearbeitet wurden, hatte einen Durchmesser von acht bis zehn Metern. Sollte Ihr Pferd eine Verletzung oder ein Handicap haben, wird die Quadratvolte im Schritt und in einem angepassten Tempo gearbeitet. Gerade bei jungen Pferden legen wir sehr viel Wert darauf, dass sie vor dem Anreiten in der Quadratvolte Balance und Koordination bekommen und dadurch die nötige und korrekte Muskulatur aufbauen können. Die Pferde werden durch die geraderichtende Komponente der Equikinetic gymnastiziert, dabei werden die Gelenke nicht fehlbelastet. Sie bauen gleichmäßig die Muskulatur auf, die Sie benötigen.

4. Muss ich Dual-Gassen verwenden? Warum keine Holzstangen?

Holzstangen haben sich für diese Arbeit nicht bewährt und sind eher gefährlich als hilfreich. Werden die Pferde müde und verlieren ihre Konzentration, steigen sie schon mal auf die Gassen.

Bei Holzstangen ist die Verletzungsgefahr enorm hoch. Die Farbe der Gassen, ihre Breite und Höhe bieten dem Pferd einen optimalen Rahmen und dieser Rahmen bietet ihm Sicherheit.

5. Wie halte ich die Longe und Touchiergerte richtig?

Am besten halten Sie die Longe in der sogenannten »Zwei-Hand-Technik«. Stellen Sie sich vor, Sie longieren Ihr Pferd auf der linken Hand. Greifen Sie mit der linken Hand von oben auf die Longe, in der rechten Hand halten Sie den Rest der aufgerollten Longe zusammen mit der Gerte.

So können Sie jederzeit auf Ihr Pferd einwirken, die Longe verlängern oder verkürzen, je nach Bedarf. Im Schritt fassen Sie von oben auf die Gerte und führen sie parallel zum Pferd. Im Trab können Sie die Gerte auch, wie beim normalen Longieren, in der Form des Longierdreiecks halten.

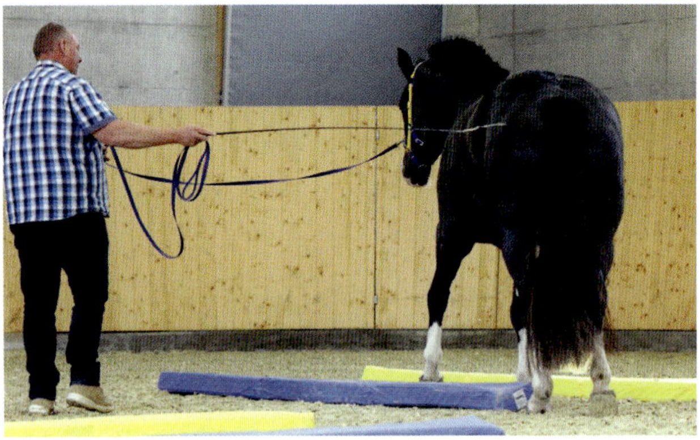

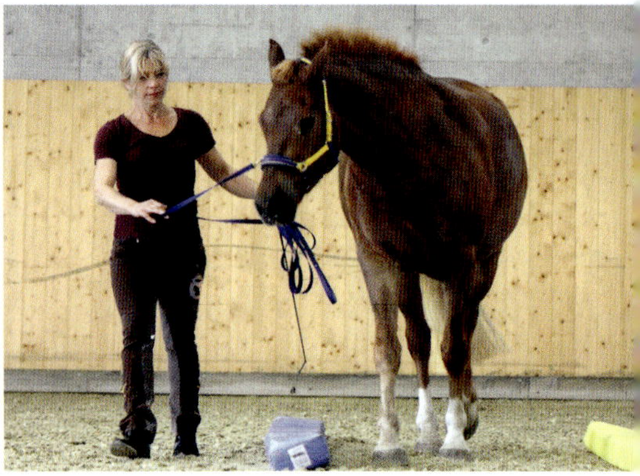

Sehr hilfreich ist es, wenn Sie mit der Gerte Richtung Pferdeschulter zeigen und somit Ihr Pferd an dieser unterstützen. Ihr Pferd fällt so deutlich weniger nach innen in den Zirkel hinein.

6. Darf ich mein Pferd auch am Gebiss longieren?

Das Gebiss war nie zum Logieren gedacht, sondern zum ausschließlichen Gebrauch beim Reiten. Das Gebiss verursacht in der Verwendung beim Longieren nur Schmerzen und ist sehr ungenau, deshalb lehnen wir es komplett ab. Bitte nehmen Sie sich die Zeit, setzen Sie ausschließlich den Kappzaum ein.

7. Welche Führposition nehme ich ein?

Grundsätzlich ist die beste Führpositon Schulter an Schulter neben dem Pferd. Dieser seitliche Platz ist nicht nur sicher, sondern auch der klassische Standort, um Position zu beziehen. Darüber hinaus hat es etwas Partnerschaftliches. Es ist allerdings nicht ganz einfach, in diese »kameradschaftliche« Führposition zu kommen, daher können Sie zunächst die Position zwischen Schulter und Pferdekopf wählen. So sind Sie noch in der Lage, Ihr Pferd zu sehen und zu dirigieren. Es wird Ihnen auffallen, wenn ihm etwas nicht passt oder es abgelenkt ist. Zusatzerklärung: Beim geführten Logieren gehen Sie mit der Brust frontal zum Pferd, die hintere Schulter zeigt Richtung Hinterhand und die vordere Schulter zum Kopf. Die Fußspitzen sind nach vorne und dabei seitlich nach außen gedreht, sodass Sie Ihr Pferd begleiten können.

8. Wie führe ich Handwechsel aus? Wie halte ich dabei Position?

Eine der wichtigsten Aufgaben, um Position zu beziehen, ist der Handwechsel. Dabei stehen Sie in der Mitte der Quadratvolte und lassen das Pferd die Seite wechseln. Sie selber bewegen sich dabei nicht. Am besten legen Sie sich einen Hula-Hoop-Reifen genau in die Mitte der Quadratvolte. Sobald die Pause eingeläutet wird, lassen Sie Ihr Pferd erst in Ruhe weitergehen. Sie begeben sich in die Mitte des Reifens und bereiten sich auf den Handwechsel vor. Sehr wichtig ist dabei, dass Sie, bevor Sie Ihr Pferd zu sich

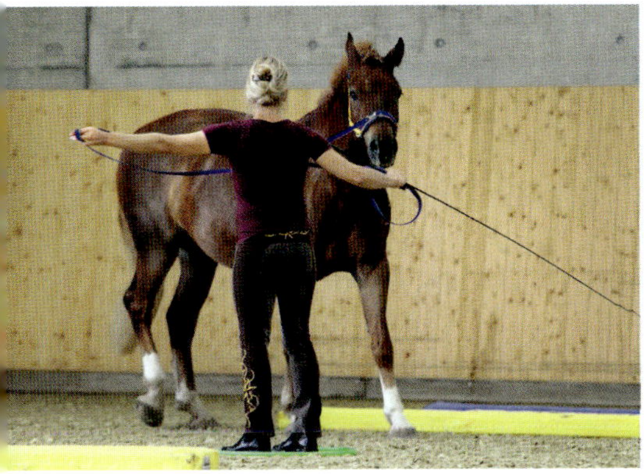

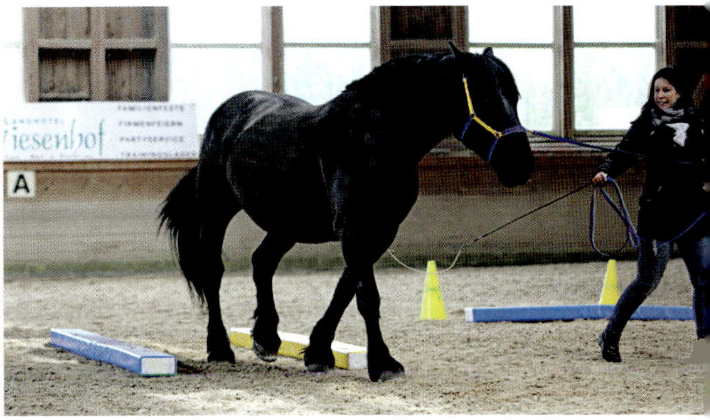

kommen lassen, die »Gertenhand« gewechselt haben.

Dann bitten Sie Ihr Pferd in die Mitte herein und schicken es, ohne zu zögern oder anzuhalten, auf die neue Hand. Bewegen Sie sich erst aus Ihrem Reifen, wenn Ihr Pferd vollständig an Ihnen vorbeigegangen ist. Es kann ein paar Tage dauern, bis Ihr Pferd ohne zu protestieren den Handwechsel ausführt. Glauben Sie mir, Sie werden es nicht bereuen, die Geduld dafür aufgebracht zu haben. Sie werden bald feststellen, dass Ihr Pferd nicht nur die Handwechsel sehr gut durchführen wird, sondern auch, dass sich Ihr Verhältnis zu ihm deutlich verbessert hat.

9. In welchem Tempo arbeite ich mein Pferd?

In der Equikinetic arbeiten wir ausschließlich im Schritt und Trab. Achten Sie bitte darauf, dass Ihr Pferd im Trab nicht zu schnell unterwegs ist. Der Schritt darf fleißig, aber nicht übereilt sein. Bewegt es sich in einem langsamen Tempo, legen Sie bitte Wert darauf, dass die Hinterbeine untertreten. Je aktiver die Hinterhand in einem langsamen Trabtempo arbeitet, umso anstrengender ist das Training.

10. Wie erkenne ich, dass mein Pferd fleißig ist?

Wenn Ihr Pferd »herumrennt«, heißt das noch lange nicht, dass es fleißig ist. Und wenn es zu langsam läuft, heißt es auch nicht automatisch, dass es faul ist. Oft kommen Pferde nicht vorwärts, weil sie eine schlechte Körperkoordination haben. Keine Sorge, auch hier hilft Ihnen die Equikinetic weiter. Bis zu 80 % Energie werden verschwendet, wenn Muskelketten und Fasern nicht zusammenarbeiten.

Ein guter Indikator, um zu erkennen, ob Ihr Pferd fleißig mitarbeitet, ist, wenn es in korrekter Innenstellung und Biegung eine Position nicht viel tiefer als die Dehnungshaltung einnimmt. Der Kopf ist nicht zu hoch angesetzt, die Muskulatur nicht verspannt, die Hinterhand tritt unter und das gesamte Pferd steht unter einer positiven Spannung.

Arbeitet die Hinterhand nicht mit, hat es die falsche Kopfposition und ist keine Spannung im Pferd, versucht es einen Teil der Muskeln zu entlasten. Die gesamten Muskelketten können nicht zusammenarbeiten und es wird kein gleichmäßiger Muskelaufbau stattfinden.

11. Wie sieht die korrekte Innenstellung aus? Wie erkenne ich diese?

Die korrekte Innenstellung für die Equikinetic können wir in zwei Stufen unterteilen. Sie stellen den Kopf nur so weit, dass entweder das äußere Auge in der Flucht mit dem äußeren Buggelenk bzw. das äußere Auge in der Flucht mit dem inneren Buggelenk ist. Von innen aus gesehen gibt es einen kleinen Trick, der Ihnen hilft, die korrekte Stellung zu erkennen. Wenn Sie den Ansatz des äußeren Ohrs sehen, dann ist die Stellung optimal und Ihr Pferd wird am besten arbeiten.

12. Wie lange dauert eine Arbeitsphase?

Die Arbeitsphasen in der Equikinetic gehen über eine Minute bis maximal eine Minute und 30 Sekunden. Bitte bedenken Sie, dass dies ein sehr anstrengendes Training ist. Achten Sie immer darauf, dass Ihr Pferd nicht überfordert wird.

13. Wie darf mein Pferd in den Pausenphasen laufen?

Bitte lassen Sie Ihr Pferd in der Pause im Schritt an einer durchhängenden Longe entspannt gehen. Innenstellung und Biegung werden aufgegeben. Das Tempo, das Ihr Pferd in den Pausen wählt, bleibt ihm überlassen. Es kann auch außerhalb der Gassen in die Pause gehen. Um den reibungslosen Ablauf zu gewährleisten, sollten Sie in der Nähe der Gassen bleiben, 30 Sekunden Pause inklusive Handwechsel sind kurz.

14. Wann darf ich in die nächste Trainingstufe wechseln?

Das hängt vom individuellen Trainingszustand Ihres Pferdes ab. Wenn es die Trainingsstufe, in der es sich befindet, problemlos bewältigt und Sie das

Gefühl haben, dass es sich nicht mehr anstrengen muss, ist der richtige Zeitpunkt, um in die nächste Stufe zu wechseln. Achten Sie auf die Atmung Ihres Pferdes, auf den allgemeinen Eindruck, ob es die Spannung noch halten kann, und auf Zeichen der Überforderung. Wirkt Ihr Pferd in der aktuellen Trainingsstufe fit und scheint es noch Energie und Kraft zu haben, wechseln Sie in die nächsthöhere. Sollte sich herausstellen, dass Ihr Pferd in der nächsthöheren Stufe überfordert ist, können Sie jederzeit wieder in die vorherige zurückgehen.

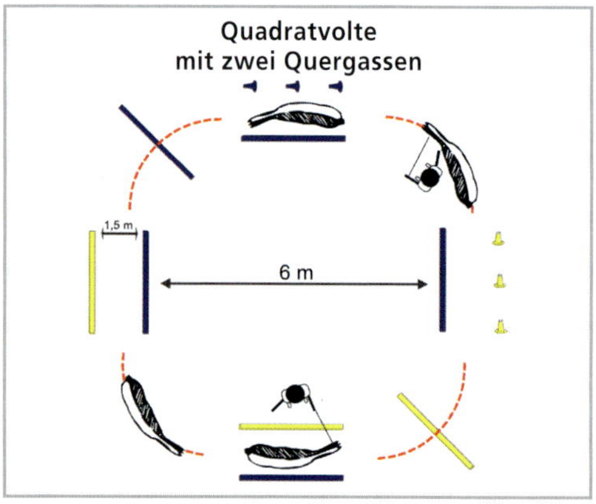

15. Wie lege ich Quergassen?

Legen Sie jeweils vor dem Gasseneingang und nach dem Gassenausgang einen Schaumstoffbalken quer. Das erhöht den Trainingseffekt

Ihres Pferdes enorm und hilft zusätzlich, gute Ergebnisse zu erzielen.
Bitte trainieren Sie mit den Gassen nicht mehr als 8 Arbeitseinheiten.

16. Funktioniert Equikinetic auch im Schritt?

Equikinetic hat auch im Schritt enorme Erfolge erzielt. Gerade bei Pferden in der Rehaphase oder mit Handicap ist es eine hervorragende Sache. Es ist schwer zu sagen, ob der Trab effizienter ist, genaue Zahlen oder Prozentangaben können wir hier natürlich nicht geben. Jedoch haben Pferde, die nur im Schritt gearbeitet wurden, beste Ergebnisse erzielt.

17. Ist Equikinetic zur Gewichtsreduktion geeignet?

Hier können wir ein klares Ja anbringen. Durch den stetigen Muskelaufbau in der Equikinetic erhöht sich die Verbrennung und somit der Energieverbrauch im Pferdekörper enorm. Bei Menschen spricht man von ca. 30–40 kcal/Kilogramm Muskulatur, die am Tag mehr verbrannt werden, auch wenn keine Muskelarbeit erbracht wird. Beim Pferd ist es durchaus vorstellbar, dass diese Werte noch höher sind. Es gibt hier einschlägige Erfahrungen zum Beispiel bei meinen eigenen Pferden, die trotz normaler Fütterung deutlich schlanker geworden sind. Selbst Pferde, die am Equinen Metabolischen Syndrom leiden, müssen in ihrer Fütterung nicht drastisch eingeschränkt werden. Dies bedeutet ein deutliches Plus an Lebensqualität.

18. Wie erkenne ich, dass mein Pferd überfordert ist?

Die Überforderung des Pferdes äußert sich meist in folgenden Symptomen: kurzes, kräftiges Ab-

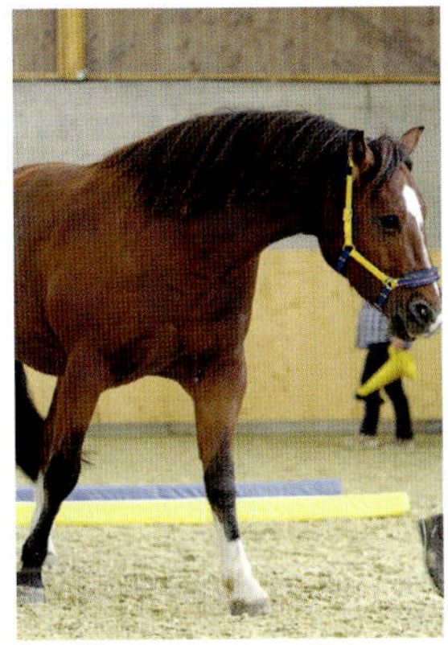

schnauben, Stolpern (vor allem stolpern hier die Pferde über die Ecken der Gassen) und Verwerfen im Genick.
Hier können Sie Ihrem Bauchgefühl vertrauen.
Wenn Sie merken oder das Gefühl haben, dass Ihr Pferd nicht mehr kann, dann beenden Sie das Training mit dem nächsten Piepton.

19. Wie oft muss/kann ich Equikinetic trainieren?

Als optimal bezeichnen wir es, die Equikinetic zweimal die Woche in Ihr normales Training zu integrieren. Wenn es allerdings um den Muskelaufbau geht, dann ist jeden zweiten Tag Training angesagt. Am Tag darauf haben die Pferde entweder einen aktiven oder passiven Pausentag.

20. Kann ich Equikinetic in meinen normalen Trainingsablauf einbauen?

Die Equikinetic kann problemlos in Ihren ganz normalen Trainingsablauf eingebaut werden. Allerdings ist es äußerst wichtig zu beachten, dass an dem Tag, an dem Sie die Equikinetic trainieren, kein anderes Training mehr stattfindet. Vergleichen wir es doch einfach mit Fußballspielern. Fußballer haben Fitnesstraining, Krafttraining, Koordinationstraining und sogar einen Sportpsychologen, der mit ihnen arbeitet. Es wird außerdem natürlich noch Fußball gespielt.

So sollten Sie Ihr Pferdetraining ebenfalls aufbauen. Nämlich kreativ und nicht immer nur die gewohnten Lektionen üben. Das wird Ihrem Pferd viel Freude bereiten und Sie deutlich schneller ans Ziel bringen.

21. Wozu 48 Stunden Pause?

Während des Trainings werden Muskelfasern verletzt. Um diese Verletzung wieder zu »reparieren« und zukünftig neuen Belastungen gewachsen zu sein, braucht der Körper 48 Stunden Pause. Dies gilt auch für Pferde und sollte auf alle Fälle beachtet werden. Hierfür haben wir entweder aktive oder passive Pause während der Regenerationsphase. Bedenken Sie, wenn es Ihnen vorwiegend um den Aufbau guter Muskulatur geht, sollten Sie den Muskeln die Zeit gönnen, um sich zu regenerieren und wachsen zu können.

22. Wie darf ich an den Pausentagen mein Pferd bewegen?

Am besten machen Sie nach einer Equikinetic-Einheit am nächsten Tag, wenn Sie die Aktivpause gewählt haben, hauptsächlich »Vorwärtsarbeit«. Zum Beispiel Schritt und Trab am langen Zügel.

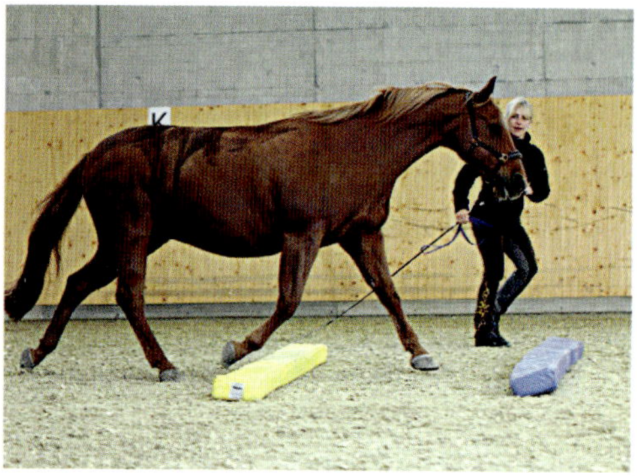

Aber auch hier sollten Sie nach einem klaren Zeitsystem vorgehen. Beispielsweise drei Minuten Schritt oder lockeren Trab, danach eine Minute Pause im Schritt und das Ganze fünf- bis siebenmal wiederholen. Das belastet die Muskulatur nicht so stark und Sie haben das gute Gefühl, Ihr Pferd am nächsten Tag bewegt zu haben.

23. Ist Equikinetic auch für »dünne« Pferde geeignet?

Auch hier ein klares Ja! Bei dem CAVALLO-Test am Eckhof bei Dachau hat sich herausgestellt, dass die dünnen Pferde deutlich an Muskelmasse zugewonnen haben. Ich würde Ihnen zusätzlich eine gute Futterberatung wärmstens ans Herz legen.

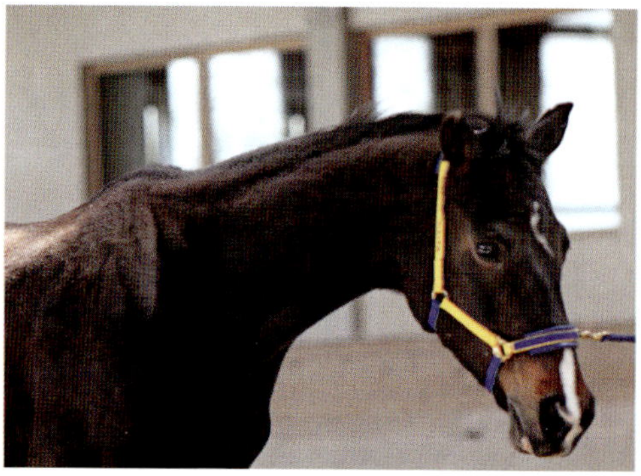

Es sollte auch abgeklärt werden, ob Ihr Pferd nicht zum Beispiel ein Magenproblem hat oder an sonstigen Krankheiten leidet, die die Gewichtszunahme und den Muskelaufbau erschweren. Durch die Equikinetic wird der gesamte Organismus angeregt, deshalb vermitteln die meisten Pferde einen deutlich positiveren Gesamteindruck.

24. Muss ich mein Pferd zusätzlich füttern?

In der Anfangsphase des Trainings ist es sicher nicht notwendig, dass den Pferden extra zugefüttert wird. Wir haben jedoch festgestellt, dass das Zuführen von Mineralstoffen und Energie äußerst hilfreich sein kann. Auch bei sehr dünnen Pferden mit wenig Muskulatur ist es gut, wenn Sie ihnen ein Muskelaufbaufutter verabreichen. Bei Rehapferden, die keine Gewichtsprobleme haben, hat sich die Unterstützung des Muskelaufbaus mittels eines entsprechenden Supplements ebenfalls bewährt.

25. Wie erkenne ich, dass mein Pferd in der Equikinetic »richtig« läuft?

Das richtige Laufen in der Equikinetic erkennen Sie vor allem daran, dass sich Ihr Pferd in einem guten Takt bewegt. Vorhand und Hinterhand laufen in der gleichen Frequenz. Es kann die ganze Arbeitsphase in einem Tempo durcharbeiten. Verlassen Sie sich etwas auf Ihr Augenmaß, und schulen Sie immer wieder Ihren Blick für die richtige Laufanatomie des Pferds. Sehen die Bewegungen harmonisch aus? Läuft es »stackelig«, steif oder rund? Ist das Tempo zu hoch? Passen Vor- und Hinterhand zusammen? Wie sieht das Idealbild aus, das Sie im Kopf haben, wie Ihr Pferd laufen sollte?

26. Was mache ich, wenn sich mein Pferd verwirft?

Pferde verwerfen sich sehr oft aufgrund einer Überforderung oder wenn die Muskulatur zu »brennen« beginnt. Machen wir uns bitte nichts vor, auch hier gilt: ohne Fleiß, kein Preis! Um Muskulatur aufzubauen, muss diese belastet werden, und ohne unangenehmes Ziehen geht das nicht.

Arbeitet die Halsmuskulatur und beginnt diese zu schmerzen, möchte das Pferd sich aus dieser Situation befreien. Das Verwerfen im Genick ist zum Beispiel eine Möglichkeit.

Verwerfen kann allerdings verschiedene andere Ursachen haben, deshalb ist es immer wichtig, zu wissen bzw. abklären zu lassen, ob das Pferd Schmerzen hat. Wenn Sie merken, dass Ihr Pferd beginnt, sich zu verwerfen, geben Sie kurz nach und entlassen das Pferd für ca. eine halbe Runde aus der Innenstellung. Versuchen Sie, die Stellung wiederherzustellen. Gelingt Ihnen dies nach ein paar Versuchen nicht mehr, beenden Sie das Training für den heutigen Tag.

27. Wie reagiere ich, wenn mein Pferd nach innen drängelt?

Durch die Verwendung der Dual-Gassen ist das Drängen nach innen schon zu einem großen Teil aufgehoben. Sollte Ihr Pferd jedoch weiterhin nach innen tendieren, können Sie zum Beispiel in der Trabarbeit die Gerte umdrehen und den Knauf an die Schulter nehmen.

Im Schritt empfiehlt es sich, den Abstand zu verkürzen. Mit Ihrer Körperpräsenz und dem Gertenknauf an der Schulter angesetzt, können Sie verhindern, dass das Pferd auf die innere Schulter fällt.

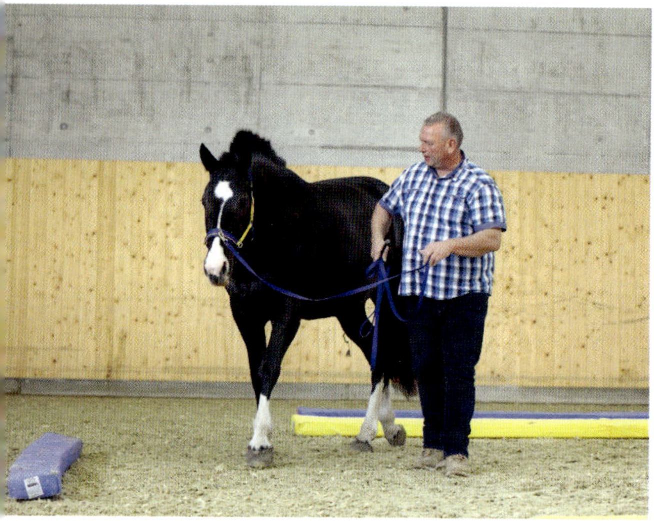

Das Problem ist wieder einmal das Fehlen der nötigen Balance. Auch können wir feststellen, dass sich solche Probleme im Laufe der Arbeit mit der Equikinetic auflösen werden.

28. Mein Pferd rennt nur durch die Quadratvolte, was kann ich tun?

Der Hauptgrund, warum Pferde in der Quadratvolte davonrennen, ist das Fluchtverhalten. Sie laufen meist vor ihrer eigenen mangelnden Balance und fehlenden Körperkoordination davon. Sie können das mit dem Fahrradfahren vergleichen, je langsamer Sie fahren, desto schwieriger wird das. Pferde suchen dann ihr Heil in der Flucht, da sie es noch nicht anders gelernt haben. Wirken Sie beruhigend auf Ihr Pferd ein. Ich nehme dazu gerne einen tiefen Ton und atme dabei aus. Schauen Sie Ihrem Pferd bitte nicht mehr in die Augen, sondern nur noch auf die Hinterhand. In der Regel bekommen die Pferde sehr schnell ihren Körper in den Griff und gehen in den zukünftigen Trainingseinheiten ein angemessenes Tempo.

29. Kann ich die Equikinetic auch im Galopp machen?

Hier ein ganz klares Nein. Wenn Sie mit Ihrem Pferd an der Longe, ausgerüstet mit Kappzaum, einen 8 m Zirkel im Galopp, in reeller und richtiger Versammlung, einem klaren Dreitakt, einer leichten Innenstellung und das Ganze mindestens achtmal 1,30 Minute lang auf beiden Händen galoppieren können, gehören Sie schon der Profi-Liga an. Der Galopp ist hier ungeeignet und auch nicht nötig. Die meisten Pferde kommen im Galopp zwar irgendwie durch die Volte, dabei ist die Gefahr einer Fehlbelastung aber einfach zu groß. Wenn Sie Ihr Training im Schritt und Trab absolvieren, werden Sie so viel Erfolg haben, dass Sie an Galopp gar nicht mehr denken. Und außerdem vergessen Sie nie: Der Trab schult den Galopp.

30. Darf man die Equikinetic reiten?

Die Equikinetic wird nicht geritten, das Pferd hat schon genug damit zu tun, sich selbst zu balancieren und seine Koordination zu finden. Sie müssten schon ein außergewöhnlich guter Reiter mit einem total ausbalancierten Sitz sein, damit eine gerittene Equikinetic Sinn macht.

Einen Sattel ohne das Reitergewicht, können Sie jedoch ohne Probleme auflegen. Gerade bei jungen Pferden, bei der die Equikinetic als Vorbereitung zum Reiten hervorragende

Dienste leistet, ist eine Gewöhnung an den Sattel in einer solch frühen Phase durchaus wünschenswert.

31. Muss ich mein Pferd in der Equikinetic ausbinden?

In der Dual-Aktivierung und der Equikinetic verzichten wir auf sämtliche Hilfszügel und Ausbinder jeglicher Art. Das hat natürlich seine Gründe: Zum einen ist es uns sehr wichtig, dass Ihr Pferd die vollkommene Kopf- und Halsfreiheit hat, zum anderen sind wir der felsenfesten Überzeugung, dass kein Pferd in einer auferlegten Zwangshaltung vernünftig arbeiten kann.
Es soll lernen, reell von hinten nach vorne gearbeitet zu werden. Durch das vermehrte Untertreten der Hinterhand wird auch die gewünschte Kopf-/Halshaltung erreicht. Das Pferd soll in eine freiwillige Dehnungshaltung gelangen und jederzeit die Möglichkeit haben, einer stark brennenden Muskulatur auszuweichen.
Zudem soll das Pferd seine Balance ohne Hilfszügel finden, nur mit Ihrer Hilfe am Kappzaum und dem vorgegebenen Weg der Quadratvolte. Machen Sie bei Pferden, die nur mit Ausbinder, Dreieckszügel und Co. gelaufen sind, diese nämlich ab, werden Sie feststellen, dass es mit der Balance nicht weit her ist. Die Pferde werden unsicher und bekommen Stress.

32. Darf ich mein Pferd mit Arthrose in der Equikinetic trainieren?

Sehr viele Pferde, die an Arthrose leiden, haben in der Equikinetic schon eine deutliche Schmerzerleichterung erfahren. Die gelenksnahe Muskulatur wird aufgebaut und unterstützt die Gelenke. Durch das Geraderichten und die verbesserte Rumpfmuskulatur erhält das Pferd die Möglichkeit, korrekt laufen zu dürfen. Equikinetic hilft dem Pferd, alte und falsche Bewegungsmuster umzutrainieren. Alleine dadurch, dass die Gelenke nicht mehr fehlbelastet werden, wird das Krankheitsbild der Arthrose deutlich verbessert.
Die gesteigerte Durchblutung und die deutliche positive Veränderung des gesamten Organismus sind zur Heilung oder Milderung von Krankheiten, egal welcher Art, immer von großer Bedeutung.

33. Ist Equikinetic auch für alte Pferde geeignet?

»Wer rastet, der rostet«, dieser Ausspruch trifft den Nagel auf den Kopf. Alte Pferde müssen fit gehalten werden. Equikinetic trägt dazu bei, dass auch bei alten Pferden die Muskulatur erhalten oder aufgebaut wird. Die Faszien bleiben geschmeidig und das Pferd beweglich. Wenn ein altes Pferd abgebaut hat, ist Equikinetic ein hervorragendes Training, um es wieder agiler zu machen.

34. Darf ich Equikinetic nach einer Sehnenverletzung anwenden?

In der Equikinetic werden Fehlbelastungen vermieden, da das Pferd geradegerichtet wird. Natürlich wird die Equikinetic, bis sich das Sehnengewebe stabilisiert hat, im Schritt durchgeführt. Achten Sie allerdings auf einen ebenen und festen Untergrund. Das A und O ist es, die vorgeschädigte Sehne keiner Fehlbelastung auszusetzen. Achten Sie deshalb besonders auf die korrekte Stellung und Biegung.

Danke

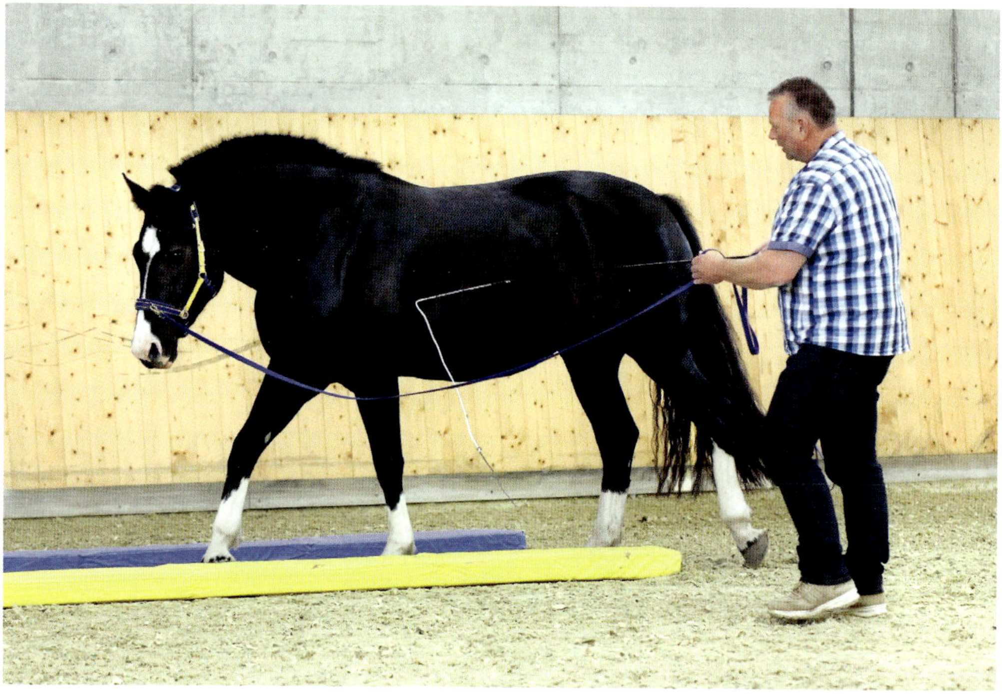

Als wir 2013 das Trainings-Konzept Equikinetic entwickelten, war uns nicht klar, welchen Erfolg wir damit haben würden. Heute, fünf Jahre und mehrere tausend Trainings-Pferde später, wissen wir, dass wir richtig lagen und die Methode effektiv ist.

Wir konnten vielen Reitern dabei helfen, die Muskulatur ihrer Pferde so weit aufzubauen, dass sie überhaupt geritten werden konnten. Eine Verbesserung der Rittigkeit und Leistungsfähigkeit, das bestätigen uns die Anwender durch die Bank weg. Auch Tierärzte und Physiotherapeuten haben die Equikinetic für sich entdeckt und setzen sie in der Rehabilitation gerne ein. Alte Pferde kann man durch sie fit halten und junge Pferde optimal auf das Reiten vorbereiten. Die Equikinetic ist damit ein »Allrounder« und für jeden Reiter interessant.

Danke im Namen der Pferde, dass Sie, liebe Pferdebesitzer, die Equikinetic anwenden!

Unser Dank geht an Heidi Fischer-Heck und Karl Martin Heck, dass wir ihre Anlage Flurweid in der Schweiz nutzen durften. Danke für Eure großartige Unterstützung und dass Ihr uns Eure wunderbaren Pferde zur Verfügung gestellt habt.

Quellennachweis:

Prof. Wolfgang v. Engelhardt: Leistungsphysiologie des Sportpferdes, Handbuch Pferd, Bechtermünz 2005

Robert Schleip: Lehrbuch der Faszien, Grundlagen Forschung Behandlung. Urban & Fischer 2014

Klaus Löffler, Gotthold Gäbel: Anatomie und Physiologie der Haustiere. Ulmer 13. Auflage 2005

H. Wissdorf, H. Gerhards, B. Huskamp, E. Deegen: Praxisorientierte Anatomie und Propädeutik des Pferdes. Schaper Philatelie Vlg., M.& H.; Auflage: 2., erg. u. vollst, überarb. Aufl. (September 2002)

Gillian Higgins: Anatomie verstehen – besser Reiten. Kosmos 2010